青鸟新知

青鸟
新知

探秘喀斯特精灵

白 头 叶 猴 科 考 实 录

江苏凤凰科学技术出版社·南京

黄乘明 —— 著

图书在版编目（CIP）数据

探秘喀斯特精灵：白头叶猴科考实录 / 黄乘明著
. -- 南京：江苏凤凰科学技术出版社，2023.10
ISBN 978-7-5713-3549-6

Ⅰ.①探… Ⅱ.①黄… Ⅲ.①叶猴属 – 科学考察 – 广
西 – 普及读物 Ⅳ.①Q959.848-49

中国国家版本馆CIP数据核字(2023)第085012号

探秘喀斯特精灵——白头叶猴科考实录

著　　　者	黄乘明
策　　　划	傅梅
责 任 编 辑	朱　颖　吴　杨
助 理 编 辑	姚　远
责 任 校 对	仲　敏
责 任 监 制	刘　钧

出 版 发 行	江苏凤凰科学技术出版社
出版社地址	南京市湖南路1号A楼，邮编：210009
编 读 信 箱	skkjzx@163.com
照　　　排	江苏凤凰制版有限公司
印　　　刷	南京新洲印刷有限公司

开　　　本	718 mm×1 000 mm　1/16
印　　　张	9.5
插　　　页	4
字　　　数	120 000
版　　　次	2023年10月第1版
印　　　次	2023年10月第1次印刷

标 准 书 号	ISBN 978-7-5713-3549-6
定　　　价	48.00元

图书如有印装质量问题，可随时向我社印务部调换。联系电话：025-83657629

距《探秘喀斯特精灵——白头叶猴科考实录》正式出版已过去了十多年,这十多年间白头叶猴和它们的生活环境以及研究白头叶猴和保护白头叶猴的各项事业也有了很大的变化。这些变化反映了在国家生态文明建设的国策下,生物多样性保护事业蓬勃发展,"构建人与自然的和谐,构建地球生命共同体"的理念深入人心。白头叶猴保护事业正是这个蓬勃发展事业的一个真实的缩影,一个生动的写照。

白头叶猴依然快乐地生活在它们的家园里,每天吃吃喝喝,享受着大自然的福祉,享受着因人类的保护变得越来越美好的自然环境。它们依然循规蹈矩地执行着早出晚归的作息规律,太阳还没升起就离开它们的夜宿石壁,傍晚回到它们安全的家。它们依然矫健地在悬崖峭壁上攀爬,在林中飞跃,这是它们祖祖辈辈传下来的本领,也是它们生活中永恒不变的主题。

十多年对于白头叶猴来讲是半辈子,当初新生的"小男孩"早已是称霸一方的强者,经历艰苦的战斗,甚至不惜伤痕累累,打败并赶走了猴群之前的"猴王",取而代之,妻妾成群、儿孙满堂,实现了"猴生"价值;而当初的"小女孩"早已是强壮的英雄母亲,为白头叶猴的种族繁衍生下了不少的"男孩"和"女孩",按时间推算有些彼时的"小女孩"都成了姥姥级的"人物"。

保护区的工作人员也有很大变动，有好几位年轻的护林员是子承父业，接过父辈的工作，继承了父辈的重任。护林员小黄和小梁受父亲的影响，毫不犹豫地干上了白头叶猴保护工作。他们对白头叶猴生活习性和生活规律了如指掌，从小就锻炼出一双"鹰眼"，随时随地都能发现白头叶猴。

这十多年，白头叶猴所生活的石山环境变得越来越美丽。这一切得益于国家的生态文明建设和生物多样性保护，得益于"绿水青山就是金山银山"的国策，土壤和水分稀缺的喀斯特石山生态系统得到了迅速的恢复，树多了，林子密了，白头叶猴的生存环境变好了，食物丰富了，繁殖率提高了，种群数量在这十多年间有了快速增长，从十多年前的几百只增加到目前的1400多只。

保护区重点监测的拇指山猴群都换了好几茬"猴王"了，其中2015—2016年间由一雄九母组成的猴群，每只母猴都抱上了一只橘红色的小猴，猴群的出生率高达100%。保护区工作人员都来不及给它们取名字，只好称它们老大、老二、老三……直到老九。摄影师抓住难得的瞬间，还给它们拍了一张"全家福"。

拇指山猴群自然成了保护区的明星猴群，成了保护区最靓丽的名片。每每有远道而来的贵宾，都由它们来"接待"。贵宾们来到距离猴群十米之内的地方，他们用手机就能拍到靓丽的白头叶猴照片，近距离的"亲密接触"让贵宾们久久不愿离去。它们还是中央电视台直播连线的主角，热爱白头叶猴的人们通过直播可以看到它们的倩影，甚至晚上天黑了还能看到它们趴在悬崖峭壁上睡觉的身影，网友们惊呼设备的先进，先进到白头叶猴没有任何隐私了。

过去的十多年，白头叶猴的研究手段和研究条件有了天翻地覆的变化。保护区管理站拥有了新的办公楼，水电、厨房、卧室等基本的生活条件应有尽有。中午时分太阳当空只需要在办公室里观看监控就可以收集到很多信息。彼时，我们白天顶着烈日，躲在树荫下被十几只蚊虫同时叮咬，晚上支起帐篷睡在凹凸不平的地面上，吃喝物资全靠牛车运送等情况已一去不复返了，只能当成故事给现在的学生们讲述。

这十多年间，我们更加了解了白头叶猴对石山环境的特殊适应能力。除了它们有飞"岩"走壁的攀岩本领，白头叶猴还能精细地调整食物中的微量元素。喀斯特石山丰富的是钙含量，使得植物中的含钙量很高，不断地采食石山中的植物，白头叶猴身体里的钙会越积越多，但是它们学会了排除多余的钙离子而达到体内营养物质的平衡。

我们在日常观察中发现白头叶猴特别喜欢采食某些植物的树叶，心想这些树叶一定是很好吃的，于是我们趁着白头叶猴离开的时候偷偷地尝试，其结果完全相反，除了一股青臭味还是青臭味，但这可是白头叶猴最喜欢吃的食物了。于是我们从分子生物学的角度分析发现，与我们人类发达的味觉相比，白头叶猴的味觉已经大大退化了，这是它们适应专门采食树叶的结果，也是它们成功地适应石山环境选择以树叶为食所付出的代价。随着我们对白头叶猴的深入研究，还会有更多的发现，对白头叶猴有更多的了解。

都说白头叶猴是最容易看到的珍稀保护动物。从保护区附近的机场出发，只需一个半小时的车程就能深入保护区的核心区，白头叶猴的"粉丝们"百分之百能亲眼看到它们的倩影。它们头顶矗立着一撮白发，全身大部分黑色，还长着一只比身体还长的尾巴，可爱的形象着实让人好奇和喜爱。成年个体黑白两色，幼体毛色却呈橘红色的巨大差异也让人着迷。

白头叶猴在保护区的幸福生活也吸引了许许多多的动物爱好者和各级媒体的关注。为了满足广大群众和学生的科学兴趣，"国家动物博物馆白头叶猴馆"应运而生。2019年，在多方的努力下，一座1000平方米的白头叶猴科普展馆正式落成，成为我国首座以单一动物为主题的博物馆，首座走出馆门看动物、走入馆门学知识的博物馆。现代化的手段、图文并茂、音视频结合的立体呈现、故事的演绎和趣味性相结合的特色让参观者流连忘返，该博物馆也成了白头叶猴科学知识传播的一个划时代里程碑。

相信再过十年，喀斯特精灵——白头叶猴的生活将有更大的变化，将有更多的知识需要白头叶猴的爱好者共同增补、更新。

黄乘明

前言

　　一个生命看起来很平凡、很普通，那是因为我们没有仔细地研究、仔细地观察和仔细地发现。花朵之所以美丽是因为我们用心去欣赏了，绿色之所以伟大是因为我们了解了光合作用的重要意义。动物也是如此，发现了就会觉得神奇。

　　许多人不知道白头叶猴，那是因为它目前还没有达到动物明星的地步，没有人去挖掘它的故事，但是并不等于它没有故事、没有创造奇迹。当我拿着书稿，一口气读完这本《探秘喀斯特精灵——白头叶猴科考实录》后，我也喜欢上了白头叶猴，喜欢里面的故事和奇迹。发现了白头叶猴是如何克服缺水的环境，成功地适应下来，健康并快乐地生存在这严酷的喀斯特石山环境中；了解了它是如何适应喀斯特石山的悬崖峭壁，练就出一身高超的攀岩本领……

　　实际上，白头叶猴也是动物明星。在20世纪80年代初，白头叶猴的保护区刚刚建立起来的一年后，立即就有一部关于白头叶猴考察的书籍出版，随后被改编成连环画出版发行，这对于一种动物来说是不多见的。沉默了一段时间后，白头叶猴又被人们所关注，得到了国内外灵长类专家的高度重视，吸引了国内三个实力雄厚的研究小组进行长期的研究；2002年，出版了一部我为之写过序的白头叶猴研究专著——《中国的白头叶猴》；2004年，白头叶猴正式被选为中国—东盟博览会吉祥物，取名"合合"；2009年一部以《白头叶猴》命名的音乐剧诞生了；越来越多的摄影爱好者克服重重困难，拍摄出大量的、动人的白头叶猴照片，记录下它们精彩的瞬间……这些实例完全可以证明白头叶猴是动物明星。

白头叶猴从保护区建立前被偷猎，用于制造"乌猿酒"，到被大家喜爱并保护，善解人意地懂得在石山上"疯狂地表演"以接待远方的贵宾，博得人们的喜爱，反映了一个时代的巨大变化，一个从捕杀动物到保护动物、热爱动物的过程，一个人类对生命认识改变的过程。

本书的作者是我得意的学生之一，研究白头叶猴前后达20年的时间，对白头叶猴十分了解和熟悉，有着刻骨铭心的白头叶猴情结，说起白头叶猴的故事如数家珍。

衷心地希望这本书能进入到热爱动物的人们的视野，让更多的人认识白头叶猴，认识生命存在的价值和意义，认识人与动物要和谐共处的意义。

中国科学院院士，北京师范大学教授，华南师范大学教授

2010年11月

目录

第一章

野外考察白头叶猴

一·与白头叶猴的第一次亲密接触

20世纪80年代末,师从我国著名的动物学专家胡锦矗教授学习野生动物保护专业的我回到广西,一切得从头做起,于是选择了广西最珍贵的灵长类动物——白头叶猴作为研究对象。

万事开头难! 无论如何还得先见见白头叶猴。一打听,广西南宁动物园饲养着4群白头叶猴。由于太珍贵了,普通观众几乎没有机会一睹其芳容。原来,这4群白头叶猴是广西林业厅野生动物保护站与南宁动物园合作,在动物园里开展饲养繁殖研究的。我们从学校里开了一封介绍信,在相关老师的推荐下,冒昧地来到了广西林业厅野生动物保护站。

怀着忐忑的心情,我们见到了白头叶猴养殖项目的负责人之一赖月梅女士,我小心翼翼地说明来意,并递上介绍信。一眼就能看出,她是一位

> 白头叶猴

极有事业心、精干并且心直口快的人。对于我们承担的国家级项目，她表示非常支持，并把她所知道的白头叶猴野外生活的情况向我做了介绍，同时还特别提醒我：这项研究难度不小，但很有意义。在日后的科研工作中，我得到了她的大力支持和帮助。

白头叶猴是否也和我们最熟悉的猕猴一样活蹦乱跳？不老实、不安静？进入繁殖基地后，呈现在我眼前的白头叶猴与调皮和不安分怎么也联系不上。它们纷纷逃避，跑到笼子里或跳到平台上后，就一直没有跑动，更没有剧烈的活动。如果人的性格简单地分为外向和内向两类，那么

> 关在笼子里祈盼着自由的白头叶猴

> 白头叶猴忙着采食（冯汝君摄）

> 白头叶猴忙着采食（冯汝君摄）

在灵长类里，猕猴绝对是外向活泼好动的一类，而白头叶猴则属于内向安静的一类。

接下来的几天，我每天早早地就拿着记录本、小板凳、望远镜等工具坐在猴笼前，观察和记录着白头叶猴的移动、拉尿、拉屎、进食、搔痒、追打等行为，了解它们的生活习性、活动方式，为在野外自然环境中的研究做些准备。一个星期下来，一本笔记本很快就记完了，我的新鲜感也没了。接下来的一个星期，我就不知道该记什么了，一切都在重复，难道研究白头叶猴就是这样的吗？这一篇篇的流水账有用吗？我不禁对这项工作及我采用的方法产生了质疑。看来，我的工作还没入门，就算找到了野外的白头叶猴，这样的记录方法所得到的数据肯定也是不能使用的，况且野外观察绝对没有这么近的距离。看来，我该拜师求教了。

二·"西天取经"

云南素有"动物王国""植物王国"的美誉，自北到南，由高海拔至低海拔分布着从高山针叶林到热带雨林的 105 个主要的森林类型。苔藓植物、鸟类所占比例在全国最高，分别占全国的 68.2% 和约 70%，哺乳类、蕨类植物、被子植物和淡水鱼类其次。这里还拥有大量的珍稀保护物种，1 万多种种子植物中，列为国家保护的珍稀濒危植物就有 154 种，占全国总数的 39.6%。我国公布的 686 种重点保护野生动物，云南就有 386 种，占全国总数的 56.3%，其中亚洲象、野牛、绿孔雀、赤颈鹤等 23 种为云南独有。灵长类的种类也是最多的，仅长臂猿就有好几种。

云南省有国家重点保护野生动物 386 种，占全国重点保护野生动物种数的 56.3%。其中Ⅰ级保护动物 97 种，Ⅱ级保护动物 289 种；国家重点保

> 白头叶猴的家园

> 边吃边放哨（郭亮摄）

护野生植物 542 种，占全国重点保护野生植物种数 48.1%。其中一类保护植物 57 种，二类保护植物 485 种，居全国第一位。

我国非常重视云南生物资源的保护与研究，早在 20 世纪 50 年代末就成立了中国科学院昆明动物研究所，那里聚集了一批研究灵长类动物的专家，因此中国科学院昆明动物研究所当时又被称为中国的灵长类研究所。中国科学院昆明动物研究所不仅有丰富的灵长类研究资料，也有我的校友，后来成为好朋友的李兆元，他的硕士论文就是关于白头叶猴的研究。于是，"西天取经"具备了天时、地利和人和的条件，真是天助我也！立即买了张桂林至昆明的火车票，经过近 20 小时的旅途，我第一次踏上了昆明的土地。

20 世纪 90 年代初，中国科学院昆明动物研究所还坐落在远离昆明市一个叫花红洞的地方。我搭乘班车，在邛竹寺下车后，沿着无人的柏油路走了 20 分钟，到达山顶，才看到一片楼房——中国科学院昆明动物所。现在，所总部虽已搬到了市内，但还是在原址保留了一部分场地，包括实验动物（猕猴）养殖场。2004 年，我以国家林业局猕猴、食蟹猴饲养繁殖调查组专家的身份，重返故地，对当地猴场进行了检查。

直到走进了中国科学院昆明动物所的大门，我才开始与李兆元联系。那时候只能通过门卫打电话通知李兆元，而我就一直在门口等着。我们是第一次见面，但一见如故，他责怪我为什么没有告诉他到达昆明的准确时间，以便到火车站接我。

寒暄几句后，就聊到了正题。李兆元毫无保留地把他写作论文时查阅的数据目录交给我，并带我到了图书馆，教会我查数据。连续几天，我每天像上班一样准时来到图书馆查数据和复印数据，中午和晚上则在李兆元的办公室交流如何开展白头叶猴种群生态学研究，渐渐地，我理出了思路：首先确定白头叶猴的种群数量；其次调查白头叶猴的年龄结构和繁殖情况，并观察和记录白头叶猴的食性和食物组成。

对于种群数量的调查，李兆元有更好的建议。他告诉我白头叶猴栖息在石山上，这种石山由石山山体和山脚平地（当地人称为弄）组成，层层叠叠，犹如平地拔起，因此，白头叶猴的活动范围不大。白头叶猴每天有两次活动高峰，很容易被发现。因此，最好的调查方法是"人海战术"。一组人在石山外缘绕石山山体不停地走动，保证观察和记录到在石山山体外活动的猴群及数量；另一组人在石山内的石山平地不停地走动，保证能观察和记录到在石壁内缘活动的白头叶猴猴群及数量；还有一组人爬到石山山顶观察记录。这样可保证猴群只要一活动，就会被发现和记录下来。李兆元还教了我防止重复记录的办法。

"西天取经"的目的圆满达成。

三·天设一险

没想到在回桂林的路上，老天也给我设了"一险"，还好是有惊无险。

中午，带着复印好的资料和初步形成的研究思路，从花红洞沿路返回到了火车站，很容易买到了傍晚的火车卧铺车票，想到这一切都十分顺利，想到第二天就能回到学校准备下一步的工作，心里宽慰了许多。

傍晚，我登上从昆明到桂林的火车，很快就进入了梦乡。到了半夜，突然感到火车很长时间不动了，不像是站内停车，也不像会车、让车。迷迷糊糊中听到广播：前方铁路被水淹没，火车半小时后将要原路返回昆明，不愿意返回的旅客可以选择下车。车内顿时乱作一团。我回昆明住哪？干什么？于是，便拖着行李慌忙下车。

到了车站内，我才缓过神来打听这里是哪。原来火车刚进入广西的境内，到达了一个叫南丹的县级车站。此时，已是凌晨三点多钟。怎么办？只能在车站等候通车的消息。天亮时分，有一列火车开来，迫不及待的乘客一拥而上，加上火车上本来就有乘客，车厢内十分拥挤。上一趟火车我是坐卧铺的，半途下车也没有退卧铺费，可是在这趟车上别说卧铺，连个座位都没有，整个车厢挤满了人，无法走动，列车员更是不知在哪儿，哪里还有可能去找我的卧铺呀！最后，好不容易挤到了列车长补票的桌子前，一平方米见方的办公室，此时居然挤了7个人。想想好委屈，一张卧铺票变成了一张"坐"票。

抱着行李，屈着腿坐在桌子上。困意慢慢袭来，很快又迷迷糊糊地进入了梦乡。屈腿坐着睡觉实在是太难受了，一会儿腿酸，一会儿胳膊酸，下意识地换换姿势，又睡着了。两个小时后，火车又在一个小站停了下来，这次广播里既没有报何时可以前行，也没有报是否原路返回。小镇里的居民发现了商机，纷纷搬来玉米、红薯、大米粥等向旅客兜售，当然价格要比平时高出许多倍。我肚子饿得咕咕叫，于是便下车买了红薯和玉米，填饱了肚子,又围着火车转了一转,也算苦中作乐吧!

中午十二点了,火车还是停在原地,没有任何移动的迹象。

下午三点多,播音室里传来了可怕的消息:本次火车将原路返回。

小镇从来没有过这么多人,几家小旅店早就不够住了。我还算幸运,抢到了一张床铺。后来打听到,被水淹没的路段就在这个小站与前面一个小站之间,有20千米的路程,这里距前方的一个县级站——金城江还有40千米,要坐火车必须先到达那边才有可能。

金城江每天有一辆30多座的公共汽车来往小镇。早上七点多,等车的旅客已守候在车站旁,公共汽车还未停稳,六七十个人一下子就把车门堵住了。有些旅客干脆从窗子爬进了车内,排在后面的乘客不断地往前挤。我实在挤不过,只能继续等候下去。

小镇里的居民也跟着热闹了起来,两轮摩托车、三轮摩托车、手扶拖拉机等各种交通工具全部出动。来不及多想,我赶紧上了一辆手扶拖拉机,付了30元,花了两个小时赶到了金城江站。经过几番辗转,第四天上午终于回到了桂林。本来只需要10多个小时的火车车程,却变成了四天。

四 · 水淹九重山

　　哪里是我开展研究的理想之地呢? 白头叶猴分布在广西南部 4 个县境内的部分石山地区, 如果选择的地点不合适, 那么工作开展起来就会很困难, 甚至完不成任务。

　　我和广西师范大学的谢强商量, 最终还是决定到有白头叶猴分布的各保护区都走一趟, 进行实地考察。有了之前的交情, 这次再造访广西林业厅保护站就容易多了。我们拿着学校的介绍信, 他们给我们开具了到各保护区考察的证明。有了介绍信, 我们的行程就比较顺利了。

　　我们先到了扶绥珍贵动物保护区, 当时交通还十分不便。我们先乘车从南宁到扶绥县县城, 一打听保护区不在县城, 而在一个叫岜盆的乡里。县城距岜盆乡倒是不远, 只有 20 多千米, 但是每天只有一班车, 遇到赶集时才有两班车, 早上去, 晚上回。我和谢强是中午赶到县城的, 班车早已

> 岜盆自然保护区

> 白头叶猴飞跃（冯汝君摄）

发往岜盆乡，走路去肯定是行不通的，但是坐车必须得等到第二天。想到还没到保护区就已经花掉了3天时间了，以后的工作怎么做？好不容易搭上第二天到岜盆乡的车，车走走停停花掉了将近一小时。再一打听，保护区还不在乡里，而是在一个叫弄廪的村里，离乡里还有10千米。工作还没开始就这么折腾人。正好有一辆回弄廪村的手扶拖拉机经过，村民听说我们是去保护区管理站，很热情地告诉我们就在路边，并让我们搭车。

到达管理站，已是中午时分，院子里没有一个人。一打听，管理站有5个人，除了两人是固定职工外，其余的都是聘用人员，收入很少，还得靠种地维持生计。站长是村子里的人，回家吃饭了，其他的人有的下地干活，有的外出。本来很激动的心情，一下子又掉入了冰窟里。这哪像保护区？白头叶猴怎么能保护好？离我们的想象差太远了。

下午三点，黄站长终于出现了，我们把介绍信交给了他，并详细说明了我们的来意。说到李兆元，他告诉我们，李兆元在保护区待了一年，很辛苦，保护区也给他提供了很多的帮助。问了我们的计划后，黄站长很支持，开着站里唯一一辆破旧的越野车带我们进到8千米以外的保护区里。一路上，越野车摇摇晃晃，真担心要散架，还不如走路舒服，但是不知道前面的路有多远，总不能谢绝站长的好意吧！

　　就这么摇摇晃晃地来到一片石山前，黄站长告诉我们这片石山群叫九重山，是保护区最主要的部分，白头叶猴就生活在里面，因为当地老百姓把石山群中间的平地开垦出来种庄稼，牛车拉人拉东西经常进进出出，所以越野车也能进去。所谓的路，只能容牛车进出，路的一边紧贴着石山，另一边临河，拖拉机都进不去。

> 围绕着石山的平地都被开垦，自然植被完全消失，扶绥的白头叶猴只能生活在石山上，人与动物的矛盾十分突出

黄站长一边熟练地转动着越野车的方向盘，一边跟我们聊李兆元的故事。我们则更关心是否能看到白头叶猴，这里是否能成为我们最终的研究地点。看着山上的石壁，我们极力寻找在动物园里早已熟悉的白头叶猴的身影，期盼着能在它们的栖息地里找到自由自在的身影。车开进山里，停在一片被开垦的平地上，我们下车用望远镜耐心地对着四周的石山进行扫描式观望，不放过任何一点"可疑"的痕迹。

大自然好像有意跟我们开玩笑，在石山的石壁上，类似白头叶猴的黑白色在石山里比比皆是，如果没有望远镜就很难辨别出是石头还是白头叶猴。我这才恍然大悟，明白了在动物园里怎么也想不通的白头叶猴的毛色问题。

一个多小时过去了，尽管黄站长也非常耐心地帮助我们寻找白头叶猴，也发现了几处非常像白头叶猴的石头，但是最后都用望远镜一一排除了。我们最终也没有看到守护这片石山的白头叶猴。但是，我们发现这片石山群对我们即将开展的调查还是很合适的，有大片的平地和许多山洞，平地可以搭帐篷，还有这条牛车路可以运送补给；山洞是白头叶猴夜宿的场所。

眼看着天色渐渐暗了下来，我们依依不舍地离开了。

第二天，黄站长还是用这辆破旧的越野车将我们送到公路边，我们搭上了开往另一个白头叶猴分布点的班车。

> 嫩芽真好吃（冯汝君摄）

　　考察了 3 个有白头叶猴分布的保护区后，我们回到了学校，权衡了各种因素，最终还是选定了扶绥岜盆保护区的九重山为我们开展调查研究的野外基地。

　　6 月底，《普通动物学》的课程上完了，进入到一年一度的动物学野外实习期。对于生物系的学生来说，入学时就开始对师兄师姐们野外实习的趣闻和故事有所耳闻，这可是他们盼望已久的。

　　对于我们来说，这次的动物学野外实习有一个重要的任务就是挑选进行白头叶猴考察的学生。出发之前已经透露了风声，所以想参加白头叶猴考察的学生在野外实习的过程中非常卖力。

　　这次野外实习结束后，我们选出了 8 位同学参加白头叶猴的考察活动。虽然现在已好多年没有跟他们联系了，但我始终记得他们的名字，他们是广西师范大学生物系 89 级的原家友、潘大庆、赵新辉、黄力、黄万玲、梁国飞、侯建祖、黄庆灿，另加上卢立仁老师和我，一共十人，组成了白头叶猴调查队。

备足了帐篷、睡袋、烧水锅、做饭锅等野外用品,带上地图、望远镜,白头叶猴调查队继续使用着野外实习的个人行头,大包小包近30件。休息两天后,乘上了开往南宁的火车。

火车上,一行10人的行李占据了20个普通旅客的行李位置,一些物品还是用蛇皮袋装的。对于学生们来说,能参加这样难得一遇的考察,令他们格外兴奋。

在南宁住了一晚,第二天搭上了一天只有一趟的南宁—弄廪—扶绥县城的班车。班车走走停停,不断地上客和下客,60多千米的距离居然开了3个小时。晚上,大伙在保护区管理站的院子里搭了3顶帐篷,学生们还处在兴奋之中,我和卢老师商量着接下来20天的艰苦工作该如何完成。

黄站长还派来护林员小唐作为我们的向导并为大伙做饭。我们租用了保护区管理站隔壁护路道班的手扶拖拉机,开到岜盆乡采购能维持五六天的食品。大米、油、土豆、猪肉和一些能存放的蔬菜,菜刀和水桶等,几乎将拖拉机的拖斗装满了。回到保护区管理站,我们把所有带来的东西搬

> 白头叶猴的第一批考察队员

> 汪庄河的晚霞（冯汝君摄）

上拖拉机，两侧各坐5人，小唐坐在驾驶员的身边，严重超载。手扶拖拉机力量大、走得慢、颠簸大，坐在最前面的人还能拉住拖拉机的架子，坐在后面的人只能把身子往车厢内靠，将身体的重心靠到车厢里。遇到泥地路上深深的车辙时，颠簸更大，人被弹起来，然后被狠狠地摔在铁制的挡板上，疼得大叫。有几个人被颠下拖拉机，跑几步又跳了上去。

好在我们选择的第一天野外露营地不算远，一个小时后，拖拉机摇摇晃晃地把我们送到了目的地。

这是一片较为开阔的荒地，位于九重山石山群的南缘，石山在这里已经很稀疏了，都是孤零零的，平地居多，我们可以不费劲地绕着石山转一圈。这里的人为活动十分频繁，大片大片的平地被开垦出来种植剑麻，因为人类的活动太频繁，石山太稀疏，石山上的植被被破坏得所剩无几，白头叶猴已无法在这样的环境中生存了。而北面的这片大石山群就是我们梦寐以求的白头叶猴的栖息地。这样的环境对野生动物来说也太严酷了，而一旦这里的白头叶猴灭绝就意味着世界上一多半的白头叶猴种群的消失。

九重山石山群面积约为 20 平方千米，南缘就是我们驻扎的营地，北缘是一大片开阔的旱地，早已被附近的村民开发种植甘蔗。甘蔗是当地村民最喜欢种植的农作物，耕种一次管 3 年，也就是说第一年砍掉地上的甘蔗后，第二年和第三年只要施肥和管理就行，收益颇丰。所以，村民们拼命地开荒种甘蔗，导致石山群内的平地大都被开垦。九重山石山群的东面是一条通往县城的泥路，天晴时，车辆一过，灰尘四起。一旦降雨，则道路泥泞，自行车没法骑，泥粘着车胎，越来越厚，越来越重；人也没法走，鞋子粘上泥土，和车胎一样，也越来越重。虽然路的另一面还有几座石山，但是已被完全隔离，没有白头叶猴生活的痕迹。

九重山的西面就是上次黄站长开着破旧的越野车带我们走的路，西边的汪庄河将另一面的石山分隔开来。当地有村民声称见过白头叶猴游泳过河，但后来的调查和跟踪观察证明，白头叶猴没有这样的能力。对于九重山来说，四面的隔离形成了一个大的孤岛，好在石山群内石山密集、山体陡峭，尽管石山间大面积的平地已被开垦，但是石山上的植被保存完好，

> 远眺（郭亮摄）

石山与石山间紧密相连，保证了白头叶猴还有足够的活动和生存空间。

我们在荒地上找到一块平坦的草地，支起4顶帐篷，并在帐篷的四周用铁锹挖出一条小沟，用作雨水导流。之后，大家又忙着去捡柴火。小唐不愧出生于农家，动作十分的麻利，用几块石头搭起灶台，点火、洗菜、煮菜，不到一个小时，一顿真正的野餐就做好了。

趁天色还早，我们赶紧拿出地图，分派任务。整个九重山地区的调查工作分三个阶段进行：第一阶段在此安营，第二阶段转移到北侧，第三阶段转移到西侧汪庄河边。目前驻扎的营地必须完成九重山东侧外缘、南侧外缘和石山内部的调查，2人一组，计划5天完成任务。

一切的安排都按照李兆元的建议进行，每一个点有3组人，分别负责山顶、石山山弄内部和石山外缘的白头叶猴活动情况的观察和记录，大家在早上八点前一定要到位，下午五点后才可撤离返回。

清晨六点钟，小唐起床给大家做好了早饭，吃完后，各小组按照各自已定计划的方向和路线出发，卢老师留下来看守营地。

下午六点，各小组陆陆续续地回来了，大多数组很沮丧，累了一天不仅什么也没见到，还晒得要命。只有一个组兴高采烈地报告看到了白头叶猴，

> 洞外观察（冯汝君摄）

> 晚饭后大伙商量第二天的调查任务和行走路线

但是还没来得及数完只数，猴群就不见了。

晚饭后，大家聚在一起互相交流，期盼第二天能看到白头叶猴。

天渐渐黑了下来，由于白天太累，困意很快袭来，鼾声大起。

也不知道过了多久，雷声大作，瓢泼大雨袭来，打得帐篷呼呼响，所有的人都被惊醒。雨越下越大，雨点越来越密，雨水顺着帐篷边渗了进来，帐篷里面开始潮湿，贴着帐篷的睡袋也湿了。又过了一会儿，帐篷顶也开始往下滴水，内外夹击形成了外面下大雨里面下小雨的局面。大家赶紧把地图、笔记本和干衣服放到塑料袋里保护好。

雨量并没有减小的迹象，更没有停的意思。四周的草地上，水慢慢涨

> 瞧这一家子（郭亮摄）

起来了，帐篷四周的小沟积满了水。要不是帐篷里人的重量压着，帐篷也许会漂起来。用手拍打帐篷底，"啪啪"直响，与现在时髦的水床垫没有区别。雨不知道下了多久，也不知什么时候停的，大家实在太困、太累，又睡着了。

第二天起来，便吓了一跳。四周荒地集满了10厘米深的水，浑浊的水把我们给包围了，放在帐篷外的拖鞋漂浮在十几米开外的水面上，成了一叶叶孤零零的"小舟"。碗、锅等容器，干草堆、牛粪等也浮在水面。整个营地处在一片"汪洋大海"之中。看到此景，学生们由原来的不知所措，瞬间变得异常兴奋，也顾不上水中的牛粪，干脆跑到水里打起了水仗。玩累了，大家才赶紧收集漂浮在水面的东西。开始有些愁眉苦脸，但一会儿便想通了，反正已经这样，不如顺其自然吧。

早餐吃什么呢？怎么做呢？我正在想，小唐已拿来饼干分给了大家。还好，饼干是密封的，尽管也漂在水面，但是没有被雨水打湿，早餐就吃它了。

老天爷对我们还算照顾，水很快就消退了，草地再次露出来了，空气特别清新。九点多钟，黄站长派人来看我们，我婉言谢绝了返回管理站的好意。

中午，太阳出来了。大家赶紧把湿的东西拿出来晒。40多摄氏度的高温很快把潮气蒸干，一切回归正常。

五·有惊无险走"弄刀"

在野外、在人烟稀少的地方，意想不到的惊险随时都有可能发生。提到在野外工作的危险性，普通人的第一反应就是毒蛇猛兽，其次住帐篷危险性更大。然而，对于长期从事野外工作的我来说，非常清楚野外最危险的往往不是毒蛇猛兽，而是自己一时的错误决策。常常是由于一时的疏忽，大的危险因素被考虑到了，做了准备，可没有预想到的小因素最后会酿成大祸，导致"阴沟里翻船"。在观察和研究白头叶猴的过程中，我就犯了一个这样的错误。

住地被水淹后的第二天，我和同组的赵新辉同学进到山弄里观察和记录石壁四周的白头叶猴情况。从地图上看，这个山弄叫"弄刀"，四周都是悬崖峭壁，底下是一块面积几千平方米大小的平地。据当地老百姓说，"弄刀"在 1949 年之前还有人住，几年前还有人下去耕种，只是出入太困难，要沿着悬崖峭壁上的一条小道，弯弯曲曲地爬到几十米高的垭口。收获的庄稼也只能靠肩扛背驮运出来。上上下下，需非常小心。所以，非万不得已，就没人下"弄刀"干活了。

清晨，朝阳从东方冉冉升起，红彤彤的阳光普照着大片大片的剑麻地。我和赵新辉同学带上每天必备的物品，迎着太阳出发了。"弄刀"的入口在九重山的北侧，因此，我们要从东面绕着石山群转到北侧。从我们的宿营地到"弄刀"入口大约有 6 千米，1 个小时也就能走到。果然，

> 干吗看我？（冯汝君摄）

没费多大的劲就找到了"弄刀"的入口。山脚到山顶高七八十米，我俩四肢并用，爬到垭口发现"弄刀"果然名不虚传，险峻壮观。但是看着远处的悬崖峭壁和脚下的笔直岩壁，不禁毛骨悚然。

> "弄刀"四周的悬崖峭壁蔚为壮观

村民留下的这条小径虽然十分陡峭，但还是能够下到谷底的平地。狭窄的小径一侧紧贴石壁，另一侧则是深渊，还好深渊的一侧都有树木和野草，挡住了视线，否则，胆小的人看都不敢看，更谈不上行走了。在绝壁上的小径行走，能感觉到脚下在晃动，真担心步子迈得稍重些，脚下的泥土就会立刻崩塌。

好不容易下到谷底的平地，眼前一片开阔。赶紧回头做上标记，生怕找不到这个深藏在树丛中的路口。此时已经是八点半了，尽管我们出发得早，但是上下"弄刀"就花掉了四十多分钟。看得出来，这片长满了高大的灌丛野草的土地，已好多年没有人耕种。地上还生长着大丛大丛的紫茎泽兰，这种草又称破坏草、解放草，属菊科多年生草本植物或亚灌木，原产自美洲的墨西哥，其茎和叶柄呈紫色。这是一种最祸害当地植被的外来物种，繁殖能力很强，每株可年产果实1万粒左右，藉冠毛随风传播。根状茎发达，可依靠强大的根状茎快速扩展蔓延。适应能力也极强，能在干旱、瘠薄的荒坡隙地，甚至石缝和楼顶上生长。

紫茎泽兰于我国首次被发现是在1935年的云南南部，随后它便沿河谷、公路、铁路自南向北传播，侵占农田、林地，与农作物和林木争水、肥、阳光和空间，还能分泌化感物质，排挤邻近多种植物，堵塞水道，阻碍交通。真没想到，紫茎泽兰竟侵入到了这个人下来都困难的地方。

我拿出望远镜，对山体进行扫描式的观察。这个时候，正值白头叶猴一天中的第一个活动高峰。这个活动高峰以觅食为主，根据气温的高低持续到十点或十一点。这次扫描式的观察没有发现猴群，于是，我们走到被

> 一侧是悬崖，另一侧是长着树木的深渊

石壁挡住的另一面进行观察。

从"弄刀"的"刀尖"走到"刀柄"末端有七八百米，我们边走边观察，一个来回要花掉一个半小时。到中午时分，我们已走了两个来回。此时，猴群一般都躲到树荫下躲避高温的侵袭，并开始休息。我们也开始饥肠辘辘，便"享受"着用行军水壶装的开水，合着干粮一起吞入肚中。

下午四点多，赵新辉在第四次扫描式观察时发现山对面的一簇树丛在不断地抖动，他兴奋地指着树木抖动的地方，我定神一看，树木又不动了。约5分钟后，我终于看到了一只白头叶猴从树丛中探出脑袋，晃了一下又缩回去了。不一会儿，在离它不远的地方，又有一只白头叶猴出现了。我俩激动地赶紧把发现白头叶猴的地点标记在地图相应的位置上。然后，等机会慢慢地数清楚这群白头叶猴的数量。已经五点钟了，该是我们返回的时间，但是我还未数清楚这群猴子的数量，于是我不甘心地对赵新辉说："再等等，再等等。"快到五点半了，它们终于爬到了树顶，一共有8只，其

中还有一只金黄色的小猴。今天，我们终于可以跟大家分享观察到白头叶猴的快乐了！

收拾好所有的东西，准备返回。突然隐隐约约听到另一组同学从西侧的另一个叫"弄抽"的山弄里传出来的声音。如果能随他们一道回营地，岂不是不用绕着九重山石山群的东侧走冤枉路。于是，我们找到了两个山弄间最矮的山坳口准备翻越。这个垭口只有十多米高，有一条明显的路，比上"弄刀"垭口的路好走多了。也许，当地人进"弄刀"也走这条道呢！

我们翻过垭口，下到"弄抽"。"弄抽"的面积更大，有大片大片的庄稼，看得出来，当地人出入此地很频繁，因为进出"弄抽"的路肯定要比进入"弄刀"的路好走。学生们的声音断断续续的，我们循着声音的方向，到了一片石壁旁，才知道声音是从石壁上方传来的。不知道他们是从哪条小径爬上去的。我们顾不得惊扰白头叶猴，急忙大声对石壁上的学生们喊话。上面的同学继续在说话，我们听不清楚他们在说什么，但似乎不是在跟我们对话、回答我们的问题。我们继续大声对他们喊话，问他们是怎么

> 我们到了，赶紧上来（冯汝君摄）

上去的。过了一会,情况还是一样,传来的还是断断续续的声音,不是在跟我们对话。声音越来越远,他们没有发现我们。

时间已过了六点半,随他们一道回去没有希望了。天完全黑前,我们翻不过山,来不及过悬崖峭壁的小径,到不了山弄外面,就真的回不去了。且不说营地的老师和学生会着急,就我俩今晚怎么办?吃什么?喝什么?在哪过夜?万一晚上下起雨来,气温下降,低温和全身湿透会被冷死……越想越害怕,后果不堪设想。

> 繁殖能力极强的紫茎泽兰

我们对"弄抽"的地形不熟悉,肯定没有时间找到进出"弄抽"的路。当机立断,只有从原路返回,才有希望返回营地。

这是一天中最疲劳,也是该休息恢复体力的时候,我俩却发挥着最大的余力,快速地往回赶。翻越"弄刀"与"弄抽"的垭口,来的时候,用了15分钟;返回时只用了10分钟。下到"弄刀"后,一路小跑,不算费劲地在茫茫树林中找到了小径的入口。我大大地松了一口气,庆幸我的经验,下山时做了一个标记,否则根本找不着入口。此时,已经是七点了,天已经黑了,我们打开手电筒,摸索着往山上爬,四周已是一片漆黑,不知过了多久,好不容易爬上了另一座山的山顶,又好不容易下到山脚。

一直悬着的心终于放了下来,安全了。这时才发现,我俩一路上的高度紧张和快速攀爬,极大地透支了体力,已经记不清出了多少身汗,反正是湿了又干、干了又湿。距离营地还有6千米。

> 东张西望（冯汝君摄）

　　一路上，饥渴交加。渴了，就打开水壶，吸吸潮湿的壶嘴。待一两滴水落入口中时，感觉比糖水还甜，比吃肉还舒服，浑身又有了力气。漆黑的四周一片寂静，就这么坚持着，脚机械地快速移动着，不知道劳累、不知道疲惫。

　　不知道过了多久，看到了前方有手电筒光，听到了传来的说话声，原来是卢老师担心我们出事，派学生们来找我们。

六 · 洗了一次泥水澡

　　我们进行白头叶猴调查的时间正值一年中最热的季节——7月和8月。这个时间恰好学校放假,老师和学生有足够的时间进行野外考察。当然,这个季节不仅热且雨水频繁,而白头叶猴生活的石山地区情况更为严酷些。石山地区又称岩溶地区,从气温的角度来说,具有类似于沙漠和现代城市的热岛效应。石山由于植被缺乏,阳光照射在大片大片的裸露岩石上,使得环境温度迅速上升。一旦太阳下山,热量散失快,温度下降也快。

　　7月和8月的骄阳加上周围的石山,使得白头叶猴生活的石山群的温度常常达到40摄氏度以上。为了保护自己,我们得穿着迷彩服在太阳下穿梭,每天要出好几身汗,几天下来,衣服上满是浓浓的汗臭和酸味,衣服的表面也留下了大片白白的盐霜。降雨会使温度下降,人也会暂时舒服些,但是降雨也会给我们带来麻烦,导致我们行动困难。所以,天晴时我们盼望降雨,下雨时我们希望天晴。

　　自从上次营地遭水淹之后,已经10天了,一直是大晴天,万里无云。干净的水是用牛车从管理站拉来的。每天漱口时用些干净水,其余的用来解渴和做饭。已经10天没有正正经经地洗脸和漱口,但是10天的无雨帮助我们顺利地完成了九重山南边的调查工作。

> 我试试这根树枝(冯汝君摄)

> 被理毛真舒服（冯汝君摄）

　　我们转移到了石山群的北面。当地群众早已把北面的山坡开垦得干干净净，所有的天然植被已被清除，种上了高大而生长迅速的常绿乔木柠檬桉。柠檬桉原产于澳洲，我国引种已有近百年历史。柠檬桉喜欢温暖潮湿而阳光充足的环境，树形优美，速生，出材率高，为华南地区重要的造林树种。柠檬桉的树叶可用来提炼柠檬油，制成香皂。又因其柠檬味非常浓烈，令蚊子和苍蝇等不敢接近。因此，这也算作一种有实用价值的外来物种。最近的研究发现，柠檬桉大量吸取地下水，又被称为"抽水机"，极大地破坏了土壤肥力，同时，柠檬桉发出的特殊气味，也抑制了四周动植物的生长，对生物多样性的保护十分不利。

我们决定在地势高的柠檬桉树林里安营扎寨,避免营地再次被水淹。大家一齐动手,用铁锹铲掉了坡地上的树枝,搭好帐篷。天气实在是太热了,真盼着下场雨。

　　我们的辛劳感动了上苍,瓢泼大雨在我们把营地搭好后不期而至。大雨打在帐篷顶的塑料布上,顺着边缘滴到地面,迅速被干渴的土壤吸收了。很快,土壤吸饱了,滴在地面的雨滴形成了水流,形成了小溪朝坡下奔去。山坡的最底下是一口死水塘,说是池塘,倒不如说是这一片地区的最低点。一旦降暴雨,山坡和四周的积水全都汇集到这里。有水的时候,村子里的牛经常在里面洗澡、拉屎、拉尿,富营养化的水体呈黑绿色,散发出一股难闻的气味。如果有一阵子没有降雨,这口池塘也会干涸,露出肥沃的泥土。

> 裸露的岩石令石山的温度快速上升(冯汝君摄)

∨ 妈妈秋千（冯汝君摄）

　　奔流的雨水带着山坡上的黄土，快速地流入黑绿色的池塘中。慢慢地，山下池塘的水面越来越宽，池塘里的水也被染色了，逐步变成了黄泥色。难闻的臭味也逐渐淡去，又有了清新的泥土的味道。

　　忽然，有一位调皮的学生，穿着内裤冲到瓢泼大雨中，放声高歌，任大雨冲刷十天来的汗臭和辛苦。一时间，清一色的男子汉们全都冲到雨中，手舞足蹈。这让我联想起了著名的黑猩猩研究专家珍妮·古道尔描述的一个场景：一群黑猩猩突然遇到了暴雨，它们没有躲避，反而顺势在雨中跳起舞来。珍妮把黑猩猩的这种行为称为"雨舞"，并解释为是动物对降雨的一种渴望。与黑猩猩亲缘关系最近的人是否也是这样的呢？我暗自思忖。

雨渐渐地小了，大家在雨中也待了20多分钟。雨点变小，大家越来越不过瘾了。这时，有一个声音说道：去水塘吧！大家立即朝山坡下的黄泥水塘冲去。一群赤膊的小伙子全然不顾池塘水的颜色、气味、是否干净，狂奔进了池塘。

　　池塘很宽，但是水不深，站着的时候，水到不了小腿，坐下去水淹不到屁股。无奈只好找到一个为排水挖的沟，沟深60厘米，蹲下去泡澡还是可以的。黄泥水里不知道含有多少的泥土，泥水里不知道是否还有其他东西……大家全都不在意。每个人依然按照正常的洗澡程序，打肥皂、搓洗，再泡到水里洗掉肥皂泡沫。回到帐篷里，用毛巾擦干。直到穿好衣服，用手一摸才发现身上留下了一层细细的泥沙，就好似涂上了一层薄薄的保护膜。泥沙褪去了汗臭和疲倦，值得了！

七 · 苦乐相伴

　　喀斯特石山除温差变化较大外,还有一个特点就是无雨时十分干燥、缺水,一旦降暴雨,雨水便顺着岩石的石缝快速地流到地下河中,没有森林里的小溪小河形成的潺潺流水。尽管地下水系十分发达,但是地表仍十分干旱。在雨季,暴雨使得地下水上涨,令低洼的旱地变成了池塘。当地群众抓住这个特点,在低洼地变成池塘时放进鱼苗,等到几个月后地下水位降低,低洼地水位退去,再把鱼打上来。长得最快的鱼重量能达到500克左右,还不需要喂食,可以少劳而获。

　　这些低洼地也给当地群众带来了损失。每年,在低洼地种植的甘蔗都会遭水淹,导致产量下降。

　　为了不惊扰动物和保护自己,不论天晴或下雨,我们都会穿上迷彩服。绿色的迷彩服与大自然浑然天成,这样我们就可以更近距离地接近白头叶猴,而不惊扰它们的正常活动。此外,迷彩服还可以保护着我们不被太阳晒伤,不被树枝扎伤……

　　雨季对于跟踪观察白头叶猴的我们来说是件麻烦事,但对于白头叶猴则不然。因此,要了解白头叶猴为什么喜欢雨季,我们就得克服诸多的困难。

　　雨季跟踪观察白头叶猴时,最困难的莫过于在路上行走。小雨使泥土变得湿润,路上的泥土一层一层地往鞋底粘,越粘越厚、越粘越重。每走几十米,鞋底就粘上厚厚一层泥土,走起路来十分吃力。为了将泥土甩掉,我们不断地踢腿,把鞋底厚重的泥土踢飞,才能轻松地继续前行。这一天下来,不停地踢腿,腿部酸痛无比。

　　遇到下大雨,到处都是积水,土路也变成了泥浆路。虽然没有泥土粘鞋底的烦恼,但是路滑摔跤又成为另一大麻烦。这不同于水泥路面上的摔跤,赶快爬起来拍拍屁股可继续前进。在泥浆路上摔跤,全身摔在泥浆

> 寻找白头叶猴的艰辛

里，衣服湿了、裤子湿了、鞋子湿了，就只能打道回府，换好衣服后再出来。如果错过观察白头叶猴的时间，找不到猴群，这样一折腾，一天的时间就又浪费了。

我们搭帐篷的山洞对面就有两群白头叶猴，跟踪观察这两群猴子需经过一片洼地，在洼地最低的树丛里找到翻越垭口的小径，再爬上垭口下到山弄里。这片低洼的荒地早已被开发，种上了甘蔗和玉米。有几次，白头叶猴翻过石山到离我们最近的地面活动，我们坐在营地就能用望远镜观察到猴群的活动；而大多数时候，我们得翻过垭口进入山弄寻找猴群。我们对于每天都走的这条小径的熟悉程度就像走回家的路一般。可是，万万没有想到，这条小径居然也会给我们跟踪观察白头叶猴带来危险，差点还出了人命。

雨季，这片低洼地慢慢涨起水来，我们还是按照每天的既定路线走到洼地的最低处，进出山弄观察白头叶猴的活动。负责这两群白头叶猴观察工作的是保护区派来协助我们工作的小唐和自愿参加野外考察的小陈同学。

一天，小唐和小陈跟踪一群白头叶猴，记录它们的活动和采食的种类，直到晚上六点确定了这群白头叶猴的夜宿地点后，才沿着小径翻过垭口返回营地。这时，低洼地的土壤被雨水浸透了，成了泥浆路，他俩踩着泥浆摇摇晃晃地回来了，很顺利地完成了跟踪任务。

第二天清晨，吃过早餐，他俩带上地图、表格、笔记本、雨具、干粮和水壶高高兴兴地上路了。昨天晚上猴群夜宿的地方很容易找到，也便于观察。特别是小陈同学，刚到一个星期，就有这么好的运气。两人还在为昨天的好运气高兴呢！走到低洼地前，他俩顿时吓了一跳。昨天还能行走的泥浆路，已被眼前的一摊黄泥水取代了，因极度疲劳，昨夜睡得很沉，也不知道何时下了一场暴雨，更不知道雨下了多久。

> 菟丝子真好吃（郭亮摄）

小唐还在犹豫和担心着，小陈已踏入水中，刚下去时水不深，刚刚漫过脚面，鞋子进水了。离小径入口的树丛没有多远了，水面还只到膝盖。眼看就要过去了，小陈很是得意，小唐也很高兴。突然，小陈一脚踏空，身子一歪，掉到水里，只露出一个脑袋，还喝了几口黄泥水，吓得直喊："救命！"刚才的水面才到膝盖，怎么会突然淹到1.6米的小陈？小唐起初以为小陈是在开玩笑，但是富有经验的小唐很快想到，当地老百姓有可能在这片耕地上挖了坑。再看看小陈的表情也不像是在开玩笑，小陈肯定还是一个不会游泳的"旱鸭子"。小唐小心地靠近小陈，把手中的棍子递了过去。小陈拉着棍子的一端，直到被拉到小唐的脚边，确定了没有危险，才战战兢兢地直立起来……如果这次外出只有小陈一人的话，后果不堪设想。

雨季过后，雨水完全退掉，旱地又重新露了出来。我们来到曾经淹没过小陈的地方，想找出原因。这是一片坡度很小的甘蔗地，从高的路边一直慢慢地延伸到低洼的山脚，在这块坡地上有许多很不起眼的小坑。完全想象不出，这里差点让小陈丢掉性命，真是太不可思议了！

> 在雨季可以变成水塘的低洼地

第二章

生活在石山里的喀斯特精灵

一·美丽的喀斯特石山

　　说起喀斯特石山，人们的脑子会自然而然地联想到美丽的桂林山水。的确，桂林山水就是喀斯特石山的代表，它的秀美令世人瞩目。几个典型的桂林山水景点就诠释了喀斯特石山环境的特点，比如坐落于广西师范大学王城校区的独秀峰，又称"南天一柱"，平地拔起，险峻挺拔，引得无数的迁客骚人在悬崖绝壁上留下名言绝句；又如坐落在漓江畔的象鼻山，号称是桂林的城徽，一柱长鼻伸入漓江，无穷无尽地饮用漓江水，滋润着身体，一簇簇树木生长在悬崖峭壁上，把象鼻山装点得曼妙动人。在蜿蜒曲折的漓江岸边还挺立着一座巨幅壁画，悬崖峭壁上隐隐约约显现出骏马的身姿，这就是著名的"九马画山"。每当游船行至"九马画山"，游客们

> 九马画山

> 远眺九重山（冯汝君摄）

如痴如狂、争先恐后地把想象力发挥到极致，为能看到九匹骏马的身影欣喜若狂，尽情地享受着喀斯特石山的险峻之美和艺术想象之美。

　　除了桂林山水美外，白头叶猴分布区也有很多美丽的山水美景，九重山白头叶猴栖息地的景色同样美丽。但是，任何动物要在美丽的喀斯特石山生存下来，都要经受极端的辛苦和困难。

> 美丽的靖西风光（冯汝君摄）

二 · 挑战严酷的生存环境

喀斯特石山是美丽的,是大自然带给人类的财富。但是,喀斯特石山对于陆地动物,特别是大型动物,生存环境是十分严酷的。

以下几点足以证明生活在喀斯特石山极其不易,不是任何动物都能适应这样的环境,白头叶猴战胜了这些困难,成功地生存了下来。

喀斯特石山的气候和温度与沙漠相类似,听人说中午的沙漠能煮熟鸡蛋,虽然自己没有亲自尝试过,但是沙漠正午的高温是可以想象的。喀斯特石山就具有这种温差变动幅度大、正午极度高温的特点。

清晨,太阳照射在大片大片裸露的岩石上,环境温度会迅速升高。我们在白头叶猴生活的石山环境中实地测量,记录到了正午太阳直射的岩石上最高温度达到 47 摄氏度,环境温度达到了 43 摄氏度的事实。难以想象,动物在如此高的环境温度中该怎么度过呢? 或是它们有特别的耐高温

方法度过极度高温的时段?

白头叶猴生活区在我国南方,地处北热带和亚热带南缘的交界处,具有很高的降雨量,也就是说白头叶猴生活的环境理论上是不缺水的。气象部门的雨量记录显示每年的降雨量可达 1 900 毫米,并集中在每年的 5 月到 9 月之间。奇怪的是,这么大的降雨量,这么丰富的水资源还缺水。当地老百姓常为人、家畜和耕地缺水犯愁,不得不在房前屋后、田间地头建了很多的"水柜"来储存水。而白头叶猴会采用特殊的方式来应对缺水。

不可思议的是一方面降雨量丰富,另一方面严重缺水,水究竟到哪儿去了呢?

原来喀斯特石山地区石多土壤少,留不住丰富的雨水,大量的降雨很快就随着岩石的缝隙流走,变成了地下水,又顺着发达的地下河水系流到很远的地方,形成河流。雨季,长时间的局部降雨会使地下河水位迅速上升,暴雨暂时汇集到低洼地。一旦雨停,雨水便很快流失。

> 白头叶猴保护区

> 石坑里有水真好
（冯汝君摄）

　　在喀斯特石山环境中，悬崖绝壁占地表面积的 5% ～ 10%，此外，还有许多裸露的岩石。陆生动物要在这样的环境中生活，得具备特殊的生存本领，普通的跑跑跳跳显然是不适用的。在悬崖峭壁上活动，白头叶猴肯定不能像人类一样系一根安全绳。后来的观察发现，白头叶猴有夜宿在悬崖峭壁上石洞的特点，那么，它们就必须掌握娴熟的攀岩技巧。

　　石山大都是平地拔起的，有些石山为一座座的孤峰，在人口密集的城镇，这样的孤峰便是一个个风景点，而大多数的孤峰分布在非人口聚集的农村，周围的自然植被早已被斩尽杀绝，取而代之的是各种农作物。另一些是石山形成时就聚集在一起的石山群。随着人口和经济的压力增加，石山群周围的平地全部被开垦，种上了甘蔗、玉米、花生、大豆等农作物。当地群众对土地的开垦几乎延伸到了石山的山脚，导致一座座石山变成一个个"孤岛"。一座石山太小，白头叶猴无法生存，最后，白头叶猴从一座座孤立的石山上消失了，不得不退缩到现存的相对连成片的石山群中，这些石山群成了白头叶猴最后的避难所，而这些避难所中间的平地也都被开垦、种植。一旦在这些避难所里生活的白头叶猴消失，就意味着世界上所有的白头叶猴灭绝。

石山群分为山间平地（山弄）、山脚的坡积裙、山顶和山腰悬崖绝壁四个部分。尽管石山山体的相对高度不高，为 200 ~ 300 米，但是石山各部分的结构和植被组成差别很大。多数大型的山弄已被周边山区群众开垦，天然的植被早已砍尽，被农作物所取代。但在自然保护区内，特别是弄岗国家级保护区内，山弄依然保持着郁郁葱葱的天然植被。

山脚的坡积裙裸露的岩石少，土壤最为丰富，生长着许多植物。人烟稀少和被群众作为"神树"保护的石山群中，能长出七八个人才能合围起

> 喀斯特山区群众用来储水的"水柜"

> 比比皆是的喀斯特石山的悬崖峭壁　　　　> 被开垦的土地完全隔离开的一座座孤立石山

来的大树，广西弄岗国家级自然保护区内就有一棵胸径 3 米、树高近 50 米的蚬木王，树龄已高达 2 000 多年。近来又发现一棵胸径 3.5 米、树高 60 米的更大的蚬木王。而大部分石山地区在长期砍伐的压力下，很少有胸径超过 30 厘米的乔木。当然，由于有丰富的食物资源，坡积裙自然也成了石山中白头叶猴最喜欢光顾的区域。

石山山腰均为裸露的岩石，悬崖峭壁比比皆是，几乎没有土壤，缺乏水

> 飞行

> 什么动静（郭亮摄）

> 喀斯特山区群众用来灌溉耕地的"水柜"

> 石山的植被是当地群众柴薪的重要来源

> 广西弄岗国家级保护区的"蚬木王"

> 石山由山弄、坡积裙、山顶和山腰悬崖绝壁部分组成

分，植物种类和数量也非常稀少，偶尔在悬崖的缝隙中生长出一些藤本植物或一些小乔木。但石山悬崖峭壁上由于水动力的作用，形成了许多大大小小的天然石洞。一些石洞被白头叶猴选为夜宿的场所，十分安全。

　　相对坡积裙来说，石山的山顶缺少土壤，更缺少水分。植被的种类和数量远远不如坡积裙，但是比悬崖峭壁丰富得多。一些山顶还很平缓，这里既有食物，又十分安全，因此也成了白头叶猴喜欢的活动区域。

> 哨兵

三·第一种由中国人命名的灵长类

20 世纪 50 年代初，北京动物园谭邦杰先生在广西南部的龙州县发现了一张身形修长，头部和两肩白色，其余部分为黑色，尾部长度超过体长的灵长类动物毛皮，根据皮张大小，估计成年个体体重 8 千克左右。拿到毛皮的谭先生很纳闷，这是一张从未见过的毛皮，是否来自几十千米以外的越南？如果本地有分布，就应该是一种从未被报道、从未被外界认知的灵长类动物。这个问题一直缠绕着谭邦杰先生。几年后，在当地人的帮助下，他发现龙州县就有这种猴子，老百姓称为乌猿，于是根据体形和体色命名为白头叶猴，英文名为 White-headed Langur，拉丁名为 *Presbytis luecocephalus* Tan，并于 1955 年在《生物学通讯》上发表。白头叶猴成为世界上第一个由中国人命名的灵长类动物。

白头叶猴首先发现于广西龙州，那么龙州有多少白头叶猴呢？它们生活在什么样的环境中？除了广西龙州外，白头叶猴还生活在哪里？

随后的几十年里，科学家们开展了一系列考察活动，最终摸清了白头叶猴的种群数量、分布区域、生活习性和保护现状，了解到许多白头叶猴鲜为人知的故事。

目前，在全世界范围内，白头叶猴只分布在中国广西的崇左、扶绥、龙州和宁明四县（区）范围内面积约 200 平方千米的喀斯特石山群中，生活于明江以北、左江以南、十万大山以西的三角形狭长地带中，种群数量达 1 300 多只。而在左江以北、明江以南的大部分喀斯特石山地区生活的是白头叶猴近亲，即与白头叶猴外形相似，但全身毛发为纯黑色的黑叶猴。两种叶猴呈邻域分布，互相不重叠。因此可以说，白头叶猴是世界级的珍稀濒危动物。正如北京大学潘文石教授所说："白头叶猴在中国有，中国在广西有，广西只在崇左有。"在 20 世纪 80 年代中后期，广西南宁动物园曾尝试人工饲养繁殖，最成功的时候动物园有几十只白头叶猴，90 年代中

期，北京动物园也曾经饲养过一群白头叶猴。但遗憾的是，因各种原因，现在这两家动物园已没有白头叶猴了。目前，国内只有到上海动物园和广东番禺野生动物园，才能看到白头叶猴的身影。国外也从未有过白头叶猴的活体。

　　我国野生动物保护法颁布实施以前，白头叶猴基本上没有得到有效的保护。在当地，制作乌猿酒十分流行。据说乌猿酒有滋补养颜、祛风健骨活血的功效，于是，白头叶猴成了制酒的原材料，从而惨遭厄运。当时，无度的猎捕和栖息地的破坏使得白头叶猴的身影从一片片石山群中消失，白头叶猴的分布范围不断萎缩。至20世纪80年代，在现存的白头叶猴分布区陆续建立了保护区，把白头叶猴的四片分布区有效地保护了起来，其中宁明和龙州县边境相连的部分建立了弄岗国家级保护区，崇左弄官山建立了自治区级的崇左板利保护区，扶绥的莫增片和九重山片建立了自治区

> 广西喀斯特地貌——靖西（冯汝君摄）

级的扶绥珍贵动物保护区，后来两个自治区级保护区合并申报国家级保护区，以便更有效地保护白头叶猴。随着自然保护区不断加大力度进行白头叶猴的保护宣传，执法的进一步加强，白头叶猴的数量已在不断地增加。扶绥珍贵动物保护区保护着两片石山群中的白头叶猴，其数量由 20 世纪 90 年代初期的 200 多只发展到了 2003 年的 300 多只，成为世界上最大的白头叶猴家园。每年，在猴群中都会出现新生的金黄色小猴的身影，大的猴群进一步分群，迁移出去形成新的猴群。人们看到了白头叶猴种群繁衍的光明未来和希望。

四 · 白头叶猴与近亲黑叶猴

　　说起白头叶猴，不得不提及黑叶猴，这是一对难兄难弟般的物种。从越南北部一直延伸到中国的广西、贵州和重庆，都有黑叶猴的分布，黑叶猴是叶猴类分布最北的物种。从自然分布上看，白头叶猴只分布在左江以南、明江以北的两条江的夹角地区的喀斯特石山群中，而黑叶猴则正好分布在左江以北、明江以南的区域。两种叶猴镶嵌分布，互不重叠。

　　从身体结构和习性上看，白头叶猴与黑叶猴惊人地相似，身体修长、以树叶为食、擅长在悬崖峭壁上攀爬、晚上住石洞等。唯一不同的是毛色上的差异，黑叶猴通身黑色，只有两颊处从嘴角到耳朵的前端，各有一束白毛。判断雌雄差异的标准也是一致的，即雌性的阴部有一白的色块，俗称"白斑"，而雄性为黑色的，近距离观察可以看到粉红色的阴茎头。

　　难怪，关于白头叶猴和黑叶猴是否属于同一个种在学术界一直争论不休。起初，一部分学者认为既然白头叶猴与黑叶猴有如此多的相似之处，

> 白头叶猴的姐妹——黑叶猴（雌性阴部有"白斑"）

> 打个哈欠，我
困了（冯汝君摄）

那就将白头叶猴划为黑叶猴的一个亚种。2002年澳大利亚灵长类分类学
家把白头叶猴划分到分布在越南北部的一种金叶猴中，变成了金叶猴的一
个亚种。也有学者对这样的划分不认可，因为很多动物，包括灵长类毛色上
的差异早就被认为是种的差异，达到了一个种的水平，况且白头叶猴与黑
叶猴根本没有重叠分布，至少是姐妹种，应该按照种的地位加以保护。

　　在南宁动物园，为了解白头叶猴与黑叶猴之间的亲缘关系，人们用一

> 雌白头叶猴与雄黑叶猴杂交产下的雌性
幼崽（王松摄）

> 雌白头叶猴与雄黑叶猴杂交产下的雄性幼崽（王松摄）

只雌白头叶猴与一只雄黑叶猴交配，产下杂交雌性幼崽和雄性幼崽各一只。毛色上，雌性幼崽除耳后毛发白色不同于黑叶猴外，其余毛色与黑叶猴一致；而雄性幼崽头部具有更多的灰白色。可见，白头叶猴与黑叶猴之间的亲缘关系十分接近。

至于控制毛发是白色或黑色的基因或基因组，哪个显性，哪个隐性，还需要进行更深入的研究。有人曾经推测白头叶猴的部分白色可能是基因突变的结果，但是目前还找不出证据。因为动物界中动物毛发白化的现象很多，有人曾经发现黑叶猴的白化个体并采集到了标本，但白化的黑叶猴标本既没留下照片，也没留下任何文字的记载，因此无从考证。

有趣的是，20世纪90年代末，在扶绥珍贵动物保护站饲养的一只雌性黑叶猴逃到山上，辗转进入了白头叶猴的猴群中并产下了后代。

这些例子进一步说明了白头叶猴与黑叶猴的亲缘关系。

> 辗转进入白头叶猴猴群中的黑叶猴（冯汝君摄）

五·白头叶猴的家庭

　　白头叶猴头部、肩部为白色，头顶矗立着一撮白色的毛发，尾部白和黑的毛色因不同的个体而有差异。这种黑白两色的毛色与裸露的喀斯特悬崖峭壁颜色十分相似，成为白头叶猴很好的保护色。白头叶猴在毫无遮挡的岩石上非常危险，但是它们与岩石混为一体，远距离是无法发现的。我们刚刚开始考察白头叶猴时，常常把石壁当成白头叶猴而盲目惊喜，有时也因把白头叶猴当成了石壁而灰心丧气。随着我们对白头叶猴的感情越来越深，这样的错误也就越来越少了。最令人惊奇的是白头叶猴幼崽的毛色与父母相差甚远。初生的幼崽全身是金黄色的，鲜艳而耀眼，很远就能看得见。一个月后金色的毛发开始慢慢变成灰黄色；半岁后灰黄色慢慢褪去，逐步被黑白两色取代；一岁后毛色与成年的白头叶猴无异，但是身体要比成年的白头叶猴小一半；直到三四岁性成熟。难怪当初不断地有老百姓告诉我们，白头叶猴的猴群里还有另外一种猴子，个头小，比白头叶猴漂亮。后来，通过观察发现，这另外一种猴子就是白头叶猴的幼崽。有趣的是，几乎所有的叶猴，如黑叶猴、戴帽叶猴、长尾叶猴等，其幼崽毛色都是鲜艳夺目的。

> 抱紧妈妈
（冯汝君摄）

> 正在发生毛发改变的幼崽（荣杰摄）

　　为什么白头叶猴幼崽的毛色会是金黄色的？大部分专家认为幼年白头叶猴的金黄色毛发反映了白头叶猴本来的面目，也就是说白头叶猴祖先的毛色都是金黄色的，后来迁移到喀斯特石山地区后，这样的金黄色的毛发与环境极不相称，很容易被天敌发现而丧命。慢慢进化后，白头叶猴的毛色逐渐演变成了现在的黑白两色，以便能够更好地隐蔽在喀斯特石山环境中。德国人海克尔总结出"生物发生律"理论，即个体发生是系统发生的简单而短暂的重演，陆生脊椎动物胚胎期的鳃裂以及其他一些同类器官的形成都是这方面有力的例证。同样的道理，白头叶猴个体毛色变化的规律也是白头叶猴这个物种毛色变化的规律。

　　有一种说法是，白头叶猴幼崽的金色毛发是为了吸引母亲的注意力，激发母爱。一岁后，白头叶猴的幼崽开始变颜色，慢慢地向父母的黑多白少的毛色转变，两岁左右毛色与父母完全相同，但是个头还有待于长大。

　　每天清晨，白头叶猴们从石洞中爬出来后，猴王都要爬到山顶的岩石上，警惕地观察四周的动静，为家庭成员们担任警戒，保驾护航。

> 幼崽与母亲

  与黑叶猴相似，白头叶猴是一种典型的后宫式家庭，一夫多妻。妻妾们是亲密的母女关系和姐妹关系，丈夫是来自其他猴群的强壮公猴，在经过激烈的打斗后，赶走了原来的公猴，把它的妻妾据为己有，为自己添儿育女。

  猴群还建立有一套严格的制度，雌猴长大后，被允许留在猴群中，参与繁殖后代，雄猴则被扫地出门。最初，这些刚离开父母的小公猴因缺少社会经验和竞争能力，往往聚在一起，凑合成一个临时的"单身汉俱乐部"，每天东游西荡。它们随着年龄的增长，不断地寻找进攻的机会，进行

> 冬季的清晨猴王带领家庭成员聚
集在山顶迎接第一缕太阳（晒太阳）

> 我在这呢!

着尝试和锻炼。最后,随着一个个单身汉找到了机会,成功地成为猴王,快乐的"单身汉俱乐部"也就慢慢解体了。一次,保护区的工作人员说他们看到一群 5 只的白头叶猴猴群在一个山洞附近活动,特别奇怪的是这个猴群已有三四年没有小猴出生了,不知道为什么。第二年,我们有机会对这个猴群进行近距离的观察,发现这个猴群只剩下 3 只白头叶猴了,再仔细观察,它们全是雄性。所以,它们不可能有后代,这就是临时雄猴群的命运。雄猴群的解体意味着猴群中所有的成员均成功地加入了新的猴群,成了新的猴王,开始了它们延续后代的使命。

> 黑叶猴的杀婴行为（母猴怀中的幼崽已被杀死，后肢拖在地面，胡刚摄）

在白头叶猴的社会里，白头叶猴从不考虑"计划生育"，而是最大化地生儿育女。为了尽快地繁殖自己的后代，新上任的猴王立即开始"惨无人道"的杀戮，把老猴王遗留下来的、还需要母亲照顾的幼崽杀掉，迫使幼崽的母亲尽快繁殖自己的后代，使得自己在位期间留下更多的儿女。

> 别乱跑（冯汝君摄）

> 哺乳（冯汝君摄）

　　因此，强壮的猴王，拥有的妻妾多，儿女也多，为看管好自己的家庭成员，猴王付出的代价也大。由此，白头叶猴的猴群就不可能很大，一旦家庭成员的数量达到一定程度，猴王失去管理和控制的能力，周围虎视眈眈的公猴们就会拐走部分妻妾，建立新的猴群。而一旦猴王的统领能力下降，它还会遭到周边虎视眈眈的单身汉们的挑战，最终被取代。据野外研究观察，最大的白头叶猴猴群也就 20 多只，再大了就会分家。为了保证妻妾的安全，家族越大的猴王，警惕性越高，越辛苦，当然得到的回报也越大，即繁殖的后代就越多。

> 攀爬和跳跃过程中幼崽紧紧地抱住母亲（荣杰摄）

　　幼猴未独立前，总是随同母亲一起行动。在行进或攀岩过程中，小猴与母亲面对面，两前肢从母亲腋下穿过，抓住母亲的长毛，后肢环跨着母亲的腰部，尾巴从母亲的两腿间穿过，紧紧地抱着母亲的身体。当母猴攀爬时，从望远镜里观察，不一定能看到金黄色的小猴，但是每次总能隐隐约约地看到从母猴胯裆穿出的金黄色小尾巴。

　　对于小猴来说，能紧紧地抱住母亲，是它们得以生存的最基本的本领之一，否则母亲带着它们攀爬悬崖绝壁、跳跃或奔跑时，被摔下来，那就一命呜呼了。为了携带幼崽，母亲在移动时要比其他的成员消耗掉更多的体力，同时，还需格外地小心。

　　在平地活动时，母亲会立即放下幼崽，让其自由活动，充分锻炼幼崽独立活动的能力。幼崽生长到一定程度，母亲则鼓励它们自己行走，拒绝携带。在野外考察中，常常听到幼崽呼唤母亲的声音，显然，母亲有意识的拒绝是为了更好地培养和锻炼幼崽的攀爬能力。

第三章

挑战生存极限的白头叶猴

一·挑战生存极限

喀斯特石山生存条件十分艰苦,除山脚部分坡积裙有相对丰富的土壤外,山腰部分是悬崖绝壁、山顶部分土壤很少,悬崖绝壁上生长着云南铁树、石山榕、对叶榕、大叶榕和小叶榕和九龙藤等植物。这些植物的根深深地扎在石缝里,靠石缝中的落叶枯朽后形成的少得可怜的养分顽强地生存。岩石上还有一些藤本植物,它们在岩石的表面蜿蜒盘旋着,根系像钻头一样扎入石缝中。可想而知,这些植物在极度缺土和缺水的环境下能茁壮成长,生命力多么顽强啊!

石山的山顶也绝不是一个适宜植物生长的地方。除缺水和土壤外,山顶还有一个不利于植物生长的因素,那就是风。生长在山顶的植物必须有强劲的树干才能抵御大风的来袭。山顶的植物大多数为灌丛和小草,此外还有苏铁和乌桕。不论是山顶还是山腰悬崖上生长的植物,都必须具备顽强的生命力,具有耐旱的特性。正是因为如此,石山地区植物生长的速度很慢,但是其木质十分坚硬。一旦石山地区的植物被砍伐,其恢复的能

> 石壁上的植物

> 长在石缝中的苏铁

我忙着吃呢，谁打扰我？（冯汝君摄）

力要比非石山地区弱，恢复所需的时间也要长得多。

　　石山环境对于植物来说是严酷的，对于动物更是不用说了。为了适应喀斯特石山环境，白头叶猴要付出更多的精力，战胜更多的困难，迎接更大的挑战。当然，在这个过程中，白头叶猴也学会了不少独特的本领。

二 · 早出晚归

　　与大多数动物一样，白头叶猴具有"昼行性"的特点，即白天活动、晚上睡觉，这样的活动方式与视觉有密切的关系。与人类一样，白头叶猴晚上也是看不见的，因此当天色渐渐暗下来时，就需要找到一个安全的地方休息，以度过漫长的黑夜，而不致在伸手不见五指的情况下被凶猛的食肉动物吃掉。对白天活动的灵长类来说，有些会爬到高大的树木上过夜，有些则会爬到高高的山顶上，少数生活在非洲的狒狒偶尔会爬到山洞里过夜。只有白头叶猴具有每天爬到位于悬崖峭壁上的山洞里，安全地度过黑夜的优势。科学家研究发现，与山顶、高大的树木这些过夜场所相比，悬崖绝壁上的石洞具有更安全、冬暖夏凉的优势。

　　白头叶猴遵循着"早出晚归"的原则。每天清早，天蒙蒙亮，它们就从夜宿的石洞里一个接一个地顺着石壁爬出来。有时爬到洞口旁的树丛停

> 冬天爬到山顶上的白头叶猴猴群

> 飞行中的白头叶猴（长长的尾巴起到了平衡的作用，冯汝君摄）

歇，有时一鼓作气爬到洞顶上方的树丛中稍作休息。早上的光线很弱，我们在望远镜里只能见到白头叶猴的黑影在移动，稍不留神黑影就会消失，远远望去就像一只只爬在石壁上的大老鼠。白头叶猴停留歇息的时间或长或短，似乎没有什么规律。出洞时猴王首先爬出山洞，发出一声叫声后，其他的猴才爬出石洞。我们把整个猴群离开石洞的过程称为"出洞"，这个过程持续的时间与白头叶猴一天里的其他活动相比就显得很短，基本上在半小时内就完成了。"出洞"活动发生的时间在一年四季里是不同的，冬天最晚，早上七点左右"出洞"；夏天最早，早上六点左右"出洞"。因此，光照度是决定"出洞"时间的主要因素。在寒冷的冬天，白头叶猴出洞后大多喜欢爬到山顶的岩石上，静静地等待着太阳升起。远远望去，山顶上露出一个个黑点，稍不注意还以为是凸起的石头呢！

　　一只只白头叶猴在猴王的带领下，在石山的最高峰迎接着新的一天的第一缕阳光。待到天大亮，周围都看得清楚了，猴群进入了一天中的第二个环节——慢慢接近"食物区"。猴群走走停停，快速地奔跑一段，再休息

> 干吗看着我吃（冯汝君摄）

> 抓一把才过瘾（冯汝君摄）

一会儿。奔跑的方式也很独特,或是在岩石表面奔跑,或是从一棵树跃到另一棵树,或是从高高的山崖上毫不畏惧地往下跳到树枝上。跳跃和飞行的过程中,白头叶猴的大尾巴帮了大忙。当白头叶猴的身体在空中飞舞时,大尾巴伸得直直的,如同走钢丝运动员手中长长的竹竿,起到了很好的平衡作用;而落到树枝上时,长长的尾巴也随着树枝来回摇荡,慢慢地让身体稳定下来。在整个移动的过程中,饥饿的白头叶猴也会品尝道路两旁零星的食物,顺手摘下送入嘴中,边走边吃。

一旦到达了"食物区",家庭成员们便迅速地爬上树梢,采摘嫩叶、嫩芽和嫩枝,这时才真正到了吃饭时间,我们称之为"觅食高峰"。白头叶猴一天有两次"觅食高峰",一次在上午,一次在下午。"觅食高峰"期,猴群成员们会一只不少地爬到最显眼的位置,在夏季茂密的树叶中可看到一只只白色的脑袋,在冬季落叶的时候可以很完整地看到它们。

爬上树梢的白头叶猴完全没有了平时的斯文样,食相十分粗鲁。它们一屁股坐在树杈上,长长的大尾巴垂直吊下,一只脚蹬在树枝上,保持稳定。"解放"出来的两只"手"可忙坏了,左手沿着树枝一拉,一把嫩叶就拽在手里,赶紧往嘴里送;同时,右手已经在抓另一把树叶了。就这样左右开弓,享受着美食。有些白头叶猴更顾不上形象,干脆把树梢拉过来往嘴里送。

> 站在高处担任警戒的猴王

> 细嚼慢咽（冯汝君摄）

> 枝顶还有呢（冯汝君摄）

> 白头叶猴硕大的尾巴垂直吊下与树干十分相似

　　它们摘完一根树梢的嫩叶后，便急急忙忙爬到另一根树梢上，一棵树上的嫩叶吃完了，又换到另一棵树。白头叶猴采食的时候是统计白头叶猴数量的最好时机。

　　秋天，喀斯特石山的植物结出了很多的果实。白头叶猴的采摘行为也变得更加野蛮，它们几乎将果实连同树枝一块儿拽断。冬天，白头叶猴最喜欢的嫩叶没了，只能吃老叶，这样就没有必要再爬到树梢顶端了。

　　在家庭成员忙着采食的时候，猴王迅速地完成了采食任务，早早地爬到大树顶端或站在高高的岩石上，担任警戒任务。

　　午餐后，猴群慢悠悠地游荡到附近的密林中，全体进入到午休阶段。冬天的午休时间相对短些，而夏天的午休时间较长，我们记录到的最长一次为上午十点至下午五点。

> 不着急，慢慢理

　　在树上午休的白头叶猴，它的大尾巴常常垂直悬吊在空中，当几只白头叶猴同时在一根树枝上休息时，几条大尾巴同时吊在空中，会让人产生误会以为是几根树干。20世纪80年代初，专家们进入到保护区调查白头叶猴的数量，当时树叶十分茂密，光线有些昏暗，经过几个小时的跋山涉水，专家们走进了一片树林稍作休息，发现不远处的几根有些发白的树干在微微晃动。起初以为是眼花，定神一看，高兴坏了，原来是几只白头叶猴长长的大尾巴。他们几经周折，辛苦了好几天连白头叶猴的猴毛都没见到，却没想到不经意间，白头叶猴竟然奇迹般地出现在眼前，而且距离还这么近。有意思的是，白头叶猴睡觉时，无论趴着或坐着，头始终是低沉着的，与我们人类犯困时，坐着低头睡觉的姿态十分相似。

　　午休醒来，白头叶猴依然没有奔跑或移动的意思。

　　小家伙们倒是特别活跃，你追我打，吵吵闹闹，我们称之为"嬉戏行为"。白头叶猴一生中只有这个阶段是最活泼、最精力充沛的。它们在悬崖峭壁上上蹿下跳，每天都要训练很多次，以逐渐掌握攀岩的本领，学会非凡的攀岩技巧。尽管这些活动十分耗费体力，但是年幼的白头叶猴也能在其中学到许多东西，包括相互合作、相互包容、相互帮助等。一旦长大，白头叶猴就再也没有这样的机会了，白头叶猴的性格就会完全改变为安静和少动，就得学会如何最大限度地节约体力和能量了。

> 小猴们在中午休息时间打闹嬉戏（冯汝君摄）

> 理毛很认真（冯汝君摄）

> 休息时间（冯汝君摄）

大家伙们则大多两两一组，互相理毛，帮助对方梳理手够不到的毛发。它们翻开毛发，从中找出一些盐粒和皮屑之类的东西，放到嘴里吃掉。被理毛者舒舒服服地坐着或躺着，理毛者也心甘情愿地为对方服务着。

不要小看这个简单的"理毛活动"，其中却隐含着复杂的社会关系。比如某只白头叶猴想与另一只白头叶猴加深友谊，联络感情，它们可以通过理毛的活动得以实现。此外，还含有上级与下级的关系、攻击和屈服的关系、亲戚关系等。总之，理毛是白头叶猴之间重要的交流和交往手段之一。

为什么白头叶猴会休息那么长的时间？这可以通过其他种猴子的情况加以推测。通过比较后我们发现，叶食性的猴子休息的时间长，杂食性的猴子休息的时间短。对于叶食性的猴子来说，从树叶中获得的营养和能量本来就少，所以长时间的休息意味着可以节约能量，而且叶食性猴子的食物需要较长的消化和吸收时间，因此叶食性的白头叶猴中午长时间休息正是为了满足上述两方面的需要。

午后，猴群又开始蠢蠢欲动，朝着晚餐地点缓慢前行。一路上，猴群走走停停。具体表现为快速的移动，长时间的休息，即走十分钟休息半个小时。如果猴群没打算更换夜宿地，那么它们的移动距离就不会超过500米。而猴群一旦打算更换夜宿地，则会进行长距离的移动，翻过山头，朝夜宿石洞附近的晚餐地点移动。

我们在跟踪猴群时，猴群一旦跑到山顶，我们便会变得十分担心。担心猴群悄悄地翻过山顶，从我们的视野中消失。一旦我们跟丢了猴群，第二天还得重新寻找新的猴群。

　　通常，一群白头叶猴在同一个石洞连续入住不会超过十天，我们记录到的最长的时间为 7 个晚上。白头叶猴的换洞有着重要的生物学意义，当猴群在一个夜宿石洞附近取食一段时间，对周边的食物进行了掠夺性的采食后，周围的食物变少了。猴群需要寻找更多的食物，同时被采食的植物也需要一段时间的生长恢复过程。这一过程类似于人类放牧的围栏效应，让被采食过的牧草有足够的恢复时间。白头叶猴是非常聪明的，不会把自己的食物资源斩尽杀绝。白头叶猴换洞还有另一个原因，就是在一个石洞里住久了，容易滋生细菌，产生疾病。而更换新的石洞，会降低这种疾病暴发的可能性。

> 　困了中午睡会吧！

> 别怕，掉不下去（冯汝君摄）

　　在自己的地域范围内，白头叶猴通常有多个夜宿的石洞，以保证每个石洞附近的食物有足够的时间恢复生长。我们记录到一个猴群最多有7个夜宿的石洞，最少的也有4个夜宿的石洞。

　　下午四五点，猴群就会到达当晚夜宿石洞的附近，开始进食它们的晚餐。这时，猴群表现得漫不经心、不慌不忙，大概是因为距离晚上夜宿的石洞不太远的缘故吧！同时，猴群采食持续的时间显然要比午餐长。吃完晚餐的猴群并不急于返回夜宿石洞，待在洞口附近的树丛中休息起来。于是，小猴间开始打打闹闹，成年猴间相互理毛。天色渐渐暗了下来。猴群如同侦察兵一般，隐藏在树丛下不慌不忙地向夜宿石洞靠近，直到天黑得几乎看不到五指，才开始进洞。白头叶猴进入夜宿石洞的时间也会受到光线的影响，表现出与太阳下山相似的规律，夏天晚，冬天早。

　　不知为什么，天还没亮，猴群就急着离开石洞，天黑了猴群才进洞，似乎它们十分不情愿待在洞里，只要有那么一缕阳光它们就要待在石洞外，也许是洞外的生活更加丰富多彩吧！

白头叶猴每天早上漫不经心地从夜宿石洞出发，晚上回到石洞休息的作息规律，周而复始。学者们形象地把白头叶猴这种游走称为漫游，意为漫不经心地游荡。除夜宿石洞、采食场所等少数几个点是有目的外，其余的关于路线和方向似乎都是随机的，走到哪算哪。

从白头叶猴每天的漫游和作息规律可以看出，它们每天的活动很简单，几乎都是围绕着吃吃喝喝进行的，它们的生活太简单、太质朴了，但可以看出它们是快乐的。

在食物集中的季节，白头叶猴一天的漫游距离不超过300米，也就是一天的两餐就在洞口附近解决，剩下的大部分时间都是在休息。而在冬季，猴群的漫游距离达到了1300多米。因此，食物的丰富程度对白头叶猴的漫游行为起到了决定性作用。在食物稀少的季节里，为了觅食到更多、更丰富的食物，它们会选择漫游更远的距离以满足身体的需求。

三 · 夜宿石洞

　　"日出而离，日落而入"是白头叶猴每天的生活常态。清晨，天蒙蒙亮，白头叶猴们便在猴王的带领下，慢慢地爬出山洞。到洞口边的第一件事就是把前一天晚上积累的大小便一股脑儿地排出。久而久之，洞口的边缘上留下了深深的黑褐色印迹，远远就能看到。每个白头叶猴家庭有多个过夜的石洞，白头叶猴"享受着"不同的家的感觉。这些石洞面朝着不同的方向，都位于悬崖峭壁的上部，如果没有特别的攀岩技巧是无法到达的。石洞有大有小，形状各异，但有一个共同的特点：冬暖夏凉。

> 白头叶猴夜宿的石洞（洞口下方还有排泄的痕迹）

> 妈妈在身边放心

　　为了解白头叶猴对夜宿石洞的要求，我们曾经利用攀岩工具进入一个洞口很大的石洞里，发现石洞的洞底有大量的粪便，洞内四壁凹凸不平，就是一个天然石洞，没发现有什么特别的地方。

　　白头叶猴是如何过夜的？我们把摄像头安装在石洞里，拉上100多米长的绿色的线，并小心地用树枝把线隐蔽好，以免被聪明的白头叶猴发现，不回到石洞过夜。我们的伪装很成功，没有被白头叶猴发现。天渐渐黑了，公猴首先进洞，最后进洞的是带着幼崽的母猴，径直走到石洞的最里面。每只白头叶猴爬到石洞四壁凹凸的平台上，坐着睡觉。而带着幼崽的母猴则怀抱着幼崽一起睡觉。突然，最里面的幼崽发现了亮着红光的摄像头，急躁不安。母猴用手轻轻地拍拍幼崽，安慰幼崽，但是并没有达到效果。突然，母猴也发现了摄像头的红光。盯着看了一下，突然惊恐地逃出了石洞，其他白头叶猴也瞬间跟着逃出洞外。我们关掉了摄像头，打算等到半夜再看看白头叶猴是否还回到石洞里。半夜两点钟，我们再次开启了摄像头，发现猴群又重新回到了石洞里。为了不影响猴群，我们立即关掉

> 山洞的地面上留下的白头叶猴的新鲜粪便

了摄像头。看来，白头叶猴对异常现象十分敏感，一旦发现异常情况，第一件事就是逃跑。通过比较，我们推测，白头叶猴对夜宿石洞的要求并不是特别严格，只要达到安全（即使位于悬崖峭壁上）、能容纳全家的成员这两个要求就可以了。

也许是因为晚上看不见的原因，白头叶猴在晚上的警惕性特别高。一旦有风吹草动，猴群就会成为惊弓之鸟，第二天肯定不会待在同一个石洞。在研究的初期，为了方便观察，我们曾经把帐篷搭在石洞下方，晚上还高谈阔论，并不担心会惊扰白头叶猴，因为在白天的观察中，只要不是太过接近，白头叶猴从来都是漫不经心地移动、休息和觅食，我行我素，不在乎有人在跟踪和观察它们。没想到第二天早上，猴群一出山洞，就爬到了山顶，晚上不再回来了。我们只得重新寻找猴群和它们夜宿的石洞，继续跟踪。从此以后，我们再也不敢在晚上打扰它们了。

四 · 飞檐走壁

在自然界，天生就具备高超和娴熟攀岩技巧的动物非白头叶猴莫属，它们不需要借助任何辅助或保护措施就能娴熟地在险峻的悬崖边上下、左右自如地移动。从生存的角度来说，为了适应喀斯特石山的环境，白头叶猴不得不接受大自然的挑战，掌握好娴熟的攀岩技巧，让偷猎它们的天敌望尘莫及。

我们将猴子归为灵长类，"灵"是聪明的意思，"长"是第一的意思，故灵长类是第一聪明的动物。世界上共有560余种灵长类，其中只有少数几种生活在石山环境的灵长类学会了攀爬悬崖绝壁的本领。

白头叶猴攀爬悬崖绝壁的本领的确让人叹为观止。也许白头叶猴天生就没有恐高症，所以当它们站在悬崖峭壁边缘，在没有任何防护的情况

> 猴群顺着粗藤往上爬

> 一只白头叶猴在观察继续攀爬的路线，另一只白头叶猴正用两前肢攀爬石壁

> 两只白头叶猴在凸起的岩石上休息

下，不仅不惧怕，而且还能保持很好的平衡和稳定，从来没有失过手，否则就会丧失性命。此外，它们还有很好的臂力，在悬崖峭壁上，只要有那么一丁点能抓握的地方，它们就能轻而易举地用手臂的力量把身体悬空起来，快速地通过悬崖。白头叶猴还十分的胆大心细，从七八米开外的岩石或树梢上可以准确无误地跳落下来，这种能力如果没有经过长期的训练和进化是无法获得的。对于带着幼崽的母猴来说，每天攀爬悬崖更是十分的不容易。

> 国标体操（郭亮摄）

> 稍稍歇息后，一只白头叶猴又开始了顽强的攀爬

> 带崽飞跃

> 幼崽们沿着一条最容易攀爬的路线向夜宿地前进

我们有幸近距离观察和记录到了一个白头叶猴猴群攀爬悬崖回到夜宿石洞的完整过程。

天渐渐黑下来，我们跟踪的一个白头叶猴猴群正慢慢地接近一处悬崖，通过望远镜可以隐隐约约看见在悬崖上方有一个水平的石缝，石缝上方悬崖伸出，而四周没有其他的悬崖峭壁。此时它们已来不及赶到更远的石洞，因此我们判断这群白头叶猴当晚会选择在这个石缝里歇息。

果然，猴群慢慢地接近悬崖下方的树丛。虽然看不到它们的身影，但可以听到树丛中传来的窸窣的声音，表明猴群一会儿在地面上奔跑，一会儿从树上跃过，已到达石缝下方。

在悬崖的左侧有一条长约 15 米、直径约 5 厘米的粗藤将悬崖上下的植物连在一起。有意思的是猴群分成了两支队伍：带崽的母猴和成年猴子一只接一只抓紧粗藤，一步一步地往上爬，一两分钟的工夫就爬到了上方的树丛中；另一支队伍的两只亚成年白头叶猴选择了沿石壁向上攀爬，为我们上演了一场精彩的攀岩表演。

白头叶猴沿着粗藤下方的裂缝手足并用地慢慢往上爬，只要有凸出的可以抓握或踩踏的岩石，它们就会巧妙地加以利用，从不胆战心惊、犹犹豫豫地移动，而是果断和稳健地一蹦一跳往上攀爬。双足实在没有踩踏的地方，就用两只手轮换着往前攀爬。不难设想它们的前肢是多么的有力，完全能轻松地支撑整个身体。我们推测白头叶猴前肢的肌肉结构与其他的猴子有很大区别，否则是无法支持全部身体的重量的。一只白头叶猴爬到一处稍有凸出的石块上后边休息边寻找可以继续攀爬的路线。紧跟其后的另一只白头叶猴也到达凸出的石块，它们聚在一起，稍稍商量了一下，继续向上攀爬。

> 　我也能攀岩了

> 攀岩

　　悬崖峭壁的表面看上去极其光滑，似乎没有任何可抓握之处，但是白头叶猴还是用它们高超的技巧坚定不移地向上攀爬。爬到右上方裂缝下的台阶后，攀爬就变得相对容易了，只要沿着有很多可抓握的石缝或凸起攀爬，就比较容易越过悬崖，到达当晚过夜的石缝。

　　另外一条有植被、树藤、凹凸不平石缝的通道上，一群能够独立行动的幼崽们快乐地沿着相对容易攀爬的线路爬到了悬崖的顶部。

　　白头叶猴具有地面四肢爬行、爬树、跳跃和攀爬悬崖等四种移动方式，其中攀爬悬崖的移动方式是最困难和最需要技巧的，一旦没有掌握好，白头叶猴就会摔下悬崖，粉身碎骨。于是，母猴在教授幼猴学习移动时，攀爬悬崖往往放在最后教授。在长时间的中午休息时，母猴总是让小猴们自己活动，让它们爬行和奔跑，慢慢培养它们独立移动的能力。而一旦遇到了悬崖峭壁，会立刻把它们抱在怀中。当然，母猴一有机会便会锻炼幼崽，比如在一些容易攀爬的路径上，尽管小猴不断地发出叫声，向母猴求救，母猴们仍会很坚定地拒绝小猴。

五·"躲太阳"与"晒太阳"

　　白头叶猴身体密布长毛,大部分为黑色,少部分为白色。背部的毛发最长,大约为15厘米。白头叶猴身体上长长的黑色毛发有什么好处呢?首先,在树林里奔跑,如果没有毛发的保护,白头叶猴肯定会被树枝、岩石或是植物的刺刮伤。其次,毛发还有保持体温的作用,毛发相当于一层保暖层,能够保护白头叶猴的皮肤并起保温的作用。

　　白头叶猴身上厚厚的长毛就如同我们人类穿着的棉衣,冬天合适,夏天肯定不合适。那么对于生活在喀斯特石山环境的白头叶猴来说,在炎热的夏天,既不能脱掉厚厚的毛发,又需要散发掉多余的热量,白头叶猴如何挑战温度极限呢?

> 瞧我多漂亮(郭亮摄)

夏天，喀斯特石山的环境温度上升很快，中午的气温常常会达到40摄氏度以上。一身黑色长毛的白头叶猴在无法减少毛发的情况下采用降低活动量，躲藏在相对低温的环境中等方法来减少身体发热。

　　我们跟踪观察到了白头叶猴在炎热夏天的活动规律，在时间上有明显的调整。

　　炎热的夏天，天亮得早，白头叶猴很早就离开了夜宿的石洞，大约在上午八点半至九点半，猴群就到达了上午餐地点，迅速开始繁忙的采食活动，十点半以前完成采食，便迅速地隐入树丛中，藏在树荫下，以躲避炎炎的烈日。一直到下午五点左右才从树丛中出来，匆匆进入下午餐的觅食高峰。之后慢慢靠近夜宿的石洞，等待天黑入洞。

　　从环境温度上升的规律来看，从上午十点开始，气温急速上升，中午达到最高值，一直持续到下午五点后，温度才会降下来。因此，白头叶猴躲在树荫下的时间正是石山最热的时间，相比之下，树荫下的温度要比旷野中的温度低五至八摄氏度，加上大风吹过加快了空气的流动，从而带走了身体的一部分热量，使白头叶猴能够有效地躲避高温的威胁。当气温变得更高时，白头叶猴还会跑到山洞里躲避炎热，因为山洞的温度更低、更凉爽；同时，白头叶猴通过增加休息，减少活动，也达到了有效降低身体产热的目的。我们统计到的白头叶猴作息时间中，炎热夏天的休息时间高达

> 　白头叶猴一年四季都穿着黑色的长毛"棉袄"（荣杰摄）

>　别过来，我看到你们了

70%以上，因此白头叶猴从未发生过因为一身黑色的长毛散热不够而中暑的现象。当然，喀斯特石山不是每天都艳阳高照、酷热难熬，如果是阴天或是下雨天，也就不需要采用这样的极端方式躲避高温了，白头叶猴会花更多的时间寻觅食物。在研究中，我们把白头叶猴这种早早地躲到树荫下的现象称为"躲太阳"。

白头叶猴既然在炎热的夏天有"躲太阳"的行为，就会在寒冷的冬天有"晒太阳"的行为。在寒冷的冬天，白头叶猴的作息时间也做了相应的调整。首先是出洞晚、回洞早，这与天亮得晚、黑得早有关。其次，白头叶猴不再像夏天那样，急急忙忙地完成上午餐，早早隐蔽到树丛中，而是更自在、更悠闲地漫游。在完成上午餐后，白头叶猴们会慢悠悠地爬到裸露的岩石上趴着或躺着，沐浴着冬天的阳光——"晒太阳"。黑色的毛发正好是吸收太阳热量最佳的颜色，而长毛也是保温的最好材料。在没有太阳的冬天里，白头叶猴很少出现躺在裸岩上休息的行为，但是白头叶猴会采用其他的方式补充热量以抵御严寒。冬天，白头叶猴每天的休息时间有所减少，一是不需要长时间隐蔽在树荫下"躲太阳"；二是冬天好吃的食物大大减少，白头叶猴需要花费更多的时间寻找食物。而移动时间的增加，相对的活动量也会增加，因此白头叶猴身体的产热也会增加，有利于抵御严寒的侵袭。

白头叶猴正是通过"躲太阳""晒太阳"这种"休息"与"活动"的调整，巧妙地躲避了炎热的夏季高温，获得了更多的热量抵御寒冷的冬天。

白头叶猴生活的地区属于北热带的边缘，尽管是寒冷的冬天，但是日平均温度也在零度以上，不属于特别冷的环境，长着黑色长毛的白头叶猴应该是更适应冬天的，但却不利于夏天的散热。因此，对于白头叶猴来说，散热比保温吸热更为迫切。

六·令人惊叹的水分代谢能力

水是生命之源,动物体内绝大部分是水分,极少量是干物质。

为什么水对生命有机体如此之重要呢? 我们可以从各种关于生物学研究的专著中找到答案:

1. 生命起源于水环境,许多动物目前仍在水中生活。

2. 生命有机体内部所有的新陈代谢需要在水的环境中完成。

3. 动物的呼吸需要水,排泄等生理活动也离不开水。

4. 营养物质和氧气的运输需要水。

5. 降低、维持体温需要水。

6. 水分起着维持和调节渗透压的作用。

7. 环境中的水、湿度和降水量等都会影响到植被的生长和分布,从而间接对动物产生影响。

那么,生活在严重缺少地表水的喀斯特石山环境中,白头叶猴体内需要的大量水分从哪里来呢? 白头叶猴又是怎样挑战这个缺水的环境的?

> 有水同享(冯汝君摄)

> 喝水（郭亮摄）

　　白头叶猴饮用自由水是直接获得水分的主要途径之一。

　　夏季不仅气温高，而且降雨量也多。尽管喀斯特石山留不住雨水，但是一些岩石的凹陷却能保存少许的雨水，给过路的白头叶猴提供补充水分的机会。

　　在持续的暴雨后，低洼的地面也汇集了大量暂时没有从地下河退掉的水，这也成为白头叶猴获得自由水的途径之一。但这样的暂时性积水池塘很快会随着降雨的停止而消失，再次成为旱地。

> 石槽里保存着少许雨水

> 暂时性的积水塘为白头叶猴提供水源

> 小水坑

炎热的夏季，降雨量丰富，空气潮湿，昼夜温差较大。清晨，植被的枝头上凝结了大量露水，白头叶猴在清晨采食嫩叶和嫩枝的同时，喝到了大量的露水。

随着夏季的结束，降雨量逐渐减少甚至停止了。空气也变得干燥起来，树叶的枝头上再也没有了吸引白头叶猴的露水。深秋季节是白头叶猴最难耐受的季节，空气干燥，水分蒸发量大。树林中不会再有雨水，山弄平地上的池塘也几乎干涸了，剩下来的是极其肮脏的泥塘水。饥渴难耐的白头叶猴这时会冒着极大的危险下到地面，十分谨慎地跑到水边喝水。

猴王永远坚守着自己的职责，不安地四处张望，保持着高度的警惕，其他家庭成员则放心地喝水，一旦听到猴王的警告，便立即跑回树林里。

我们观察到一次白头叶猴冒险喝水的场景。

石山脚下有一个坑塘，尽管坑里的水不多，而且很不干净，但生活在附近的白头叶猴实际上很早就发现了这个仍然有水的小水坑，并精心策划了下山喝水的行动。

> 准备喝水（冯汝君摄）

> 饥渴难耐的白头叶猴冒着危险到地面喝水（荣杰摄）

> 猴王小心翼翼地跳到离
小水坑最近的石头上

> 猴王快速地跳到水坑边喝了一口水后迅速回到石头上

　　对于白头叶猴来说，离开了可以隐蔽的树丛是非常危险的，它们绝对不会轻举妄动。于是猴王亲自指挥了这次下山喝水的行动。

　　在猴群下到地面之前，漫游的路线发生了一系列的改变。从山顶开始，它们就不急不慢地向山脚移动，到了植被的边缘，白头叶猴待在树丛中长达一个多小时。猴王在树丛中确认没有任何危险后，取水行动才真正开始。

猴王先是悄悄地离开隐蔽的树丛，小心翼翼地跳到了石头上。四处张望，确认没有危险后，迅速跳到水坑边，快速地喝了一口水，确认小坑中的水是可以喝的之后，又快速地跳回石头上。

猴王四处张望确认没有危险后，便发出低沉的叫声。随后，猴群中其他的成员迅速跑到水坑边，把头伸到水面喝水。白头叶猴喝水很有技巧，为了不把水搅浑，它们只是把嘴唇轻轻地贴在水面上用嘴吸着水面的水。

喝完水后，白头叶猴很快又回到树丛中，猴王发现还有一只白头叶猴在小水坑边喝水，就跳过去催促着，自己同时也喝了几口。整个过程在两分钟左右的时间内完成。可以看出，整个猴群对离开树丛，到没有任何隐蔽的地面喝水是十分警惕、谨慎的。不到万不得已，绝对不会采取这样的冒险行动。

虽然喀斯特石山的降雨几乎全部顺着石缝流到了地下河中，白头叶猴很少有机会喝到自由流动的水，但是白头叶猴还是可以从其他的途径获得足够的水分。食物中的水分是它们最主要的水分来源。白头叶猴特别爱吃嫩叶和嫩枝，除了容易消化外，还有一个重要的原因就是嫩叶和嫩枝含水量很高，达到了80%以上，也就是说白头叶猴每吃100克的嫩叶和嫩枝，就能获得80克以上的水分。这对解决白头叶猴的水分需要起到了决定性的作用。我们曾经在动物园喂养过白头叶猴，在笼中安置了自来水，记录发现尽管白头叶猴能随时喝到水，但是它们喝水的量只占到总需水量的20%，80%的水分还是来自食物。由此可以判断，单从水分需要来看，白头叶猴是非常适应喀斯特石山缺水的环境的。

第四章

白头叶猴的吃吃喝喝

一·灵长类的食性

迄今为止，全球灵长类种数有 500 多种，分布在亚洲、非洲、南美洲。有些灵长类为广泛分布种类，比如猕猴。还有些灵长类分布范围极其狭窄，白头叶猴就是一个典型。根据进化程度的不同，这 500 多种灵长类分为原猴类、新大陆猴类、旧大陆猴类和猿猴类。

依据食性的不同，灵长类可以分为以下三种类型：

第一类为食肉型。比如采食虫子的蜂猴，它们白天睡觉，晚上活动。因为人们看到蜂猴大多时间在睡觉，所以认为它们很懒，故把它们也称为"懒猴"。

第二类为杂食型。此类型中的大部分吃素，也有以肉为食的。从科学的角度来说，人也属于灵长类动物。除了人类以外，黑猩猩也是杂食性的。从事黑猩猩研究的英国女科学家珍妮·古道尔发现：黑猩猩会制造和使用工具。她在跟踪黑猩猩时惊人地发现黑猩猩会把树叶嚼碎，作为类似于海绵似的工具，充分吸水后放到嘴里；黑猩猩还会制作钓蚂蚁的工具，将蚂蚁从蚁穴中钓出来吃掉。此外，她的另一个巨大的发现就是黑猩猩会思考。这些发现彻底推翻了人类与动物相区别的标准。

> 广布于日本大多数地区的日本猕猴

> 最聪明的动物之一——黑猩猩

　　第三类为素食型。此类型的灵长类主要的食物来源是植物。这个类型除了白头叶猴外，还有金丝猴。

　　灵长类之所以有特定的食性，是与其消化系统的结构密切相关的，当然这也是动物长期适应环境的结果。

> 哥俩好

> 神农架的金丝猴

　　不同食性的灵长类有着不同的消化系统。食肉型的灵长类具有发达的犬齿，用于撕裂肉食类食物，此类灵长类的盲肠发达，消化道结构最简单，因为肉食类食物相对容易消化；杂食型的灵长类犬齿不发达，颊齿的齿面凸起呈丘突状，有利于磨碎果实和其他类型的食物，盲肠退化，小肠发达；专门以植物包括树叶为食的灵长类，在颊齿的齿面丘突尖锐，利于切割植物性食物和叶片，盲肠短，小肠特别长，有一个分解树叶的胃则特化和膨大，形成一个大的空腔，里面包含大量的能分解纤维素的细菌，以利于分解纤维素物质。

二 · 白头叶猴的食物

白头叶猴属于植食性的灵长类，有一套特殊的消化系统。它们用于咀嚼的牙齿特别的锋利，能将粗糙的树叶撕成碎片。它们用于分解树叶的胃则特化和膨大，形成一个大的空腔，里面储存着大量的能分解纤维素的细菌。因

> 用望远镜跟踪观察白头叶猴采食的食物

此，白头叶猴能充分地消化和吸收树叶里有限的营养物质，得到有限的能量维持身体之需。

白头叶猴在喀斯特石山里住的是悬崖峭壁上的山洞，吃的是树叶。在秋天时，白头叶猴也会采食些野果，但是那只能算是白头叶猴的"点心"，树叶还是白头叶猴的主食。它们已经习惯一辈子吃粗糙、涩口的树叶。

为了了解白头叶猴每天采食什么树叶，每个月采食什么树叶，我们通过望远镜进行观察。我们每个月跟踪观察 10 天左右，每天从白头叶猴猴群离开夜宿的石洞开始，到晚上回到夜宿洞为止，日复一日，白头叶猴在喀斯特石山环境中所采食的食物被我们一一记录了下来。1996 年，我们观察到白头叶猴采食了 42 种食物，至 2007 年，我们的研究小组已记录到了白头叶猴采食的食物达 107 种。

三 · 采食过程与方式

　　白头叶猴的采食分为零星的"吃零食"和集中的觅食高峰两种方式。在猴群漫游途中，个别成员偶尔发现少量的食物，顺手采食的情况很普遍，并且随时都有可能发生。但是猴群的漫游行进并不会停止，耽误时间的个别成员只能快速地奔跑追上队伍。一天中，白头叶猴有两次觅食高峰时间，分别在上午和下午。在觅食的高峰时间，猴群的漫游活动暂时中止，所有的成员统一爬到树梢上采食植物。

　　白头叶猴不愧为"嫩叶杀手"，一顿"快餐"之后，树上的嫩叶、嫩芽和嫩枝被洗劫一空，只留下一根根光溜溜的枝条。

> 风卷残云（冯汝君摄）

秋天，广西南部的喀斯特石山群中树木的果实成熟了，这是白头叶猴最喜欢的季节。这个季节，我们经常在开饭时间看到整群的白头叶猴爬到一棵树上繁忙地采摘野果。

擅长攀爬悬崖峭壁的白头叶猴们三下两下便爬到了树梢，坐在树枝上，两腿分开踏在其他的树枝上，稳住身体，长尾巴垂直悬吊在空中，两

> 真好吃（冯汝君摄）

> 别急，我在忙着吃

只手忙个不停地轮番采摘野果往嘴里送，大猴们忙于采食，小猴们则高兴地叽叽喳喳、上蹿下跳。若一棵树上的野果还没采完，晚餐时返回接着吃。假苹婆的果实是白头叶猴最喜欢的食物，聪明的白头叶猴会用前肢剥开果皮吃里面的果实。构树也是白头叶猴喜食的树种之一，构树在春天里长出的一朵朵芽苞吸引着白头叶猴，夏天满树的绿叶又为白头叶猴提供了丰富的食粮。

看着白头叶猴忙乱且满足的吃相，我们也不禁口水直流。于是，趁白头叶猴离开之际，我们好奇地爬到那棵白头叶猴曾津津有味地品尝美食的树上，摘下一颗花生大的野果放到口中使劲咀嚼。没想到，果肉刚被牙齿咬开，苦涩的果汁便流到口中，我们下意识地赶紧吐了出来，用矿泉水漱口。

看来，为了适应喀斯特石山环境，白头叶猴已经把自己对生活的要求降到了很低的水平，粗糙难吃的树叶就足以满足它们，若有稍稍好吃点的果实，它们就更满意了。

> 嫩叶、嫩芽全被吃光，只留下藤条

> 猴群的全家福（冯汝君摄）   > 假苹婆的果实

　　随着深秋的来临，一批批落叶树种脱掉了绿色的外衣，只剩下一根根赤裸裸的枝丫。白头叶猴食物最短缺的时期到了。挑嘴的白头叶猴此刻也只能把那些平时不屑一顾的树叶纳入到了采食的计划中。

　　到了第二年春天，万物复苏，春暖花开。白头叶猴喜爱的树木开始萌芽，树枝上冒出了许多嫩芽，红色的、嫩绿色的、浅黄色的……整个喀斯特石山群被装点得五彩缤纷。白头叶猴又重新恢复到兴奋的状态，很远就能听到小猴们叽叽喳喳的叫声，朝着声音传来的方向放眼望去，树枝上是一只只白头叶猴忙碌采食的身影。

> 构树的花是白头叶猴喜爱的食物之一（冯汝君摄）   > 构树的叶片是白头叶猴喜爱的食物

四·食物选择与季节性变化

白头叶猴生活的喀斯特石山地区是生态脆弱地带，相比于森林，植物的种类少得多，密度也低很多。根据我们不完全的统计，这片石山群只有不到 300 种植物，白头叶猴在采食过程中，并不是见到什么吃什么，也不是什么多就吃什么，它们是有一定选择性的。

吃什么或不吃什么，吃什么部位或不吃什么部位，白头叶猴心中十分有数。别看喀斯特石山环境中树叶品种很多，但是大多树叶是不好吃的，或是有毒的。

从所跟踪研究的猴群中，我们记录到树叶占总觅食量的 85.23%。其中嫩叶占 63.53%；成熟叶占 21.7%；花占 3.87%；果实占 7.86%；茎、叶柄、种子等占 3.04%。白头叶猴在 6 月份可选择的食物种类最多，达到了 50 种；1 月份可选择的食物种类最少，只有 20 种。白头叶猴摄取的食物种类之所以有这么大的变化，是因为喀斯特石山环境中有很多的落叶树种。6 月份至 9 月份属于植物的生长期，因此，许多的嫩叶和嫩芽就成了白头叶猴最喜欢的食物。随着白头叶猴一天天的采食，嫩叶和嫩芽量逐渐减少，白头叶猴为了获得足够的食物量，必须增加食物的种类。而到了冬季，白头叶猴喜欢吃的植物大多落叶了，它们只好选择不太爱吃的不落叶的植物，并且只能采食老叶，因为老叶的数量较多，它们只需少量的植物种类就可以满足身体之需了。

这么看来，白头叶猴最喜欢吃的是嫩叶和嫩芽，其次是花和果实，最后才选择吃老叶。大多数月份里，喀斯特石山的植被都能提供充足的嫩叶和嫩芽，所以它们采食嫩叶和嫩芽的比例占 60% 以上。白头叶猴吃很多的嫩叶和嫩芽自然是有许多好处的，因为嫩叶和嫩芽纤维素少，含水量大，可口且容易消化，自然就成了白头叶猴的最爱。但是，嫩叶和嫩芽对于每棵树来说，量相对较少，如果只采食嫩叶和嫩芽，白头叶猴就必须花费很

> 把树枝拉弯了更方便采食

多的精力去寻找和采集，很有可能得不偿失。所以，白头叶猴在取食时是要权衡利弊的，既要采食到更多的喜欢吃的嫩叶和嫩芽，又不能消耗很多的能量，因此还得吃一定量的老叶子作为补充。此外，对于白头叶猴来说，花和果实也是不错的选择，但花和果实资源量较少，所以也只能打打牙祭罢了，不能充当主食。

五 · 每天吃多少

看到白头叶猴风卷残云的吃相，它们是否很能吃或者吃得很多呢？

身体娇小、纤长的白头叶猴成年个体体重约为 8 千克，在叶猴类中属中等身材。成年的白头叶猴每天采食 650 克的树叶，这个重量占体重的 8.1% 左右。这个比例比肉食性的动物要高，与最擅长吃草的牛羊等动物的比例类似。白头叶猴的进食比例是符合体重与食性关系的，说明白头叶猴对食物有较高的吸收率。

随后我们又发现，白头叶猴每采食 650 克的新鲜树叶可以从中获得 500 多毫升的水分，这对解决白头叶猴生活在缺水的喀斯特石山环境起到了重要的作用。白头叶猴只需要在有条件的时候稍稍补充一些水就可以满足每天的水分需要。除非到了天气干燥的深秋，树上没有了嫩叶，只有采食老叶，这时白头叶猴对饮水的需求就会显得异常的迫切，才会跑到山脚下饮水。

> 国家动物博物馆濒危动物厅中的白头叶猴标本

六 · 不好动的习性

　　与其他的灵长类相比，白头叶猴算得上是一种很斯文、很不爱动的灵长类。白头叶猴一天漫游中有四类活动方式：移动、觅食、休息和理毛。休息时间的多少是衡量一种动物好动还是好静的标准。如果一种动物在一天中休息的时间超过了其他时间，这种动物是喜欢安静的。比如，白头叶猴在 10 月份的时间分配是移动占 9.10%，觅食占 11.50%，休息占 71.02%；在 6 月份的时间分配是移动占 6.24%，觅食占 10.03%，休息占 80.33%。因此，我们看到的白头叶猴大部分时间都在休息，白头叶猴的休息时间远远超过了白天的活动时间，换句话说，白头叶猴在一天中大部分时间都是处在不动的休息状态。与淘气的猕猴相比，白头叶猴属于很安静、很斯文的灵长类。

> 安静斯文的白头叶猴大部分时间在休息（荣杰摄）

　　为什么白头叶猴会如此的安静和斯文？幼年的白头叶猴不是很好动的吗？白头叶猴长大后那份好动的天性为什么会消失得无影无踪呢？要回答这个问题，还得从白头叶猴的食物说起。通过实验分析我们发现，白头叶猴每天采食 650 克新鲜树叶，获得了150 克的干物质，这些干物质每天给白头叶猴 3 600 千焦的能量，白头叶猴每天排尿和排便要损失掉 1 000 多千焦的能量，实际上白头叶猴每天只获得 2 600 千焦的净能量。这 2 600 千焦的能量要提供给白头叶猴的新陈代谢、各种活动和奔跑等，最后几乎所剩无几，所以白头叶猴只有通过长时间的休息以达到节约能量的目的。

七·猴王的故事

大家最熟悉的猴王是齐天大圣孙悟空，孙悟空的原型就是猕猴的猴王。猕猴猴群由多只公猴和多只母猴组成，实行的是多夫多妻制。猴王的个子比一般猴子大，更加凶悍。谁要是不听话，敢违抗它的命令或意志就会遭到惩罚，轻者被吓唬，重者被厮打，直到趴在地上认错，俯首称臣为止。

> 猕猴是最易见到的灵长类，拥有最复杂的社会关系

猕猴的猴王享受着最高的待遇，吃得最好。只要有好吃的，一定是它先吃，其他的成员只能在周围"望梅止渴"，看它的脸色行事。等它吃饱了，走了，其他的成员才敢吃。猕猴猴王的另一个特权就是优先的繁殖权。猴群中所有的母猴都为猴王所有，它可以与任何一只发情的母猴交配，但不允许其他的公猴与母猴交配，一旦发现有这种行为，猴王会毫不留情地惩罚违反规定的成员。由于其他的公猴惧怕猴王，只能乘猴王不在时偷偷地与发情的母猴交配。猴王也有最钟爱的母猴，一旦确定，这位母猴也享有其他母猴享受不到的权利，在所有母猴中拥有最高地位，并得到猴王万般的呵护。被猴王钟爱的母猴生下的小猴也比其他小猴享有更高的地位。科学家发现，在猕猴猴群中，个别地位低下的成员为了讨好猴王，经常把这只小猴当作礼物抱给猴王，以博得猴王的欢心，借此提高自己的地位。

很多"越货"的活动都是猕猴猴王策划的：

2006年6月，一群猕猴偷袭了广西崇左市太平镇马安村陇良屯。该屯共有30多户人家，由于地处深山，祖祖辈辈只能依靠一些旱地种玉米、花

> 猴王总是站在显眼的位置负责警戒（冯汝君摄）

生和甘蔗为生。他们经常发现玉米地里的很多玉米都只剩下秸秆，花生藤子也撒得满地都是，一片狼藉。这些都是猕猴光顾后留下的"杰作"。一天，一村民到田里去观察玉米和花生的生长情况，只见田里有一大群猴子，细数足有20多只，有的掰玉米，有的拔花生，有的抱着玉米棒子跑来跑去，有的则端坐在旱地里的几块岩石上，津津有味地啃着玉米棒子和花生果实。调皮的猴子看见村民后，竟捡起石头向村民砸去。后来，山顶上一只猕猴叫了一声，这群猴子才纷纷跑进山里。

2007年9月金秋时节，四川泸山猕猴三三两两溜下山来，偷吃果实。泸山原有200多只猕猴，慢慢地增至600只左右。由于猕猴缺少天敌，山上寺庙不能提供充足的食物，所以它们饿了只能下山偷食。猕猴属于国家保护动物，不能打、不能杀，农民拿它们也没办法。

2008年7月，河南省济源市五龙口镇太行山麓的一群猕猴，经常下山偷取村民家的食物，惊扰游客和居民。猴王带着它的成员们潜到村民家中，翻箱倒柜，到厨房里偷吃食物，在路边抢劫过路行人的包裹。

这样的报道常有耳闻。猕猴的王位不是永远的。猴王老了，会被更年轻、更强壮的公猴打败，失去王位。它被赶出猴群，失去了往日的威风，一旦靠近猴群就会被新猴王追打，只能孤苦伶仃地生活，最后孤独地死去。

> 猴王负责警戒

相比之下，白头叶猴的猴王就不会给人类找麻烦，绝对不会策划扰民活动，最多也就是策划冒险下山喝水而已。

白头叶猴既没有猕猴那么大胆，跑到村民家翻箱倒柜，偷吃食物，也没必要跑到庄稼地里糟蹋庄稼。就算是人类主动给白头叶猴投食，也很难激起它们的兴趣。它们过惯了苦日子，吃惯了山上苦涩的树叶，且从来不会因为树叶不足而担心和发愁。

与猕猴猴王极不相同之处是，白头叶猴的猴群为一夫多妻制，猴群中只有一只成年公猴。因此，与发情的母猴交配繁殖后代，无须打斗。

　　在猴王的任期内，猴群中的下一代都是猴王的子女。因此，为了保护妻儿的安全和生活，猴王的付出很多，几乎没有什么特权，可谓"苦行僧"中的"苦行僧"。首先，猴王要保卫妻妾的安全，以免它们被周边虎视眈眈的公猴们拐骗走。猴王一旦发现猴群有公猴尾随，便会十分警惕，随时向对方示威。其次，猴王要保卫自己的领地，保证妻儿们有足够的食物资源和生活领地，让它们过上无忧无虑的生活。再次，猴王要担当警戒者的职责，站岗放哨，一旦发现"敌情"，马上带领猴群隐蔽或逃跑。在吃的方面，猴王总是快速地进食，以便有更多的时间为家人站岗放哨。猴群休息时，猴王也不能松懈，仍要负责警戒。猴王从来都是"吃苦在前享受在后"，扮演着遇到困难向前冲的角色。为了更好地保护妻儿，猴王总是与它们保持一定距离，以便观察四周，吸引天敌的注意。

　　白头叶猴的猴王最辛苦，所以白头叶猴的猴群就不能太大，我们观察到的最大猴群为 24 个成员，要管理这么大的一个猴群，就需要猴王有很

> 　白头叶猴的母系社会家庭（冯汝君摄）

强的领导能力。猴群过大，猴王就会照顾不周，其他的公猴也会趁机拐走猴王的妻妾，新的猴群就此成立了。白头叶猴猴王一生付出了巨大的代价，换来的是儿女满堂。

白头叶猴的猴王是有任期的，一只公猴在一个猴群待多长时间取决于它能力的强弱，最长不会超过 4 年，这是由两方面因素造成的。一方面是猴王超负荷的付出，导致体能下降很快，用不了多久就会被尾随的公猴打败，遭到驱逐，王位也随之被取代。被赶出猴群的猴王命运与猕猴猴王无异，最后孤独地死去。另一方面，猴群中的儿女在 4 年内性成熟，"女儿"加入繁殖后代的行列，新猴王跟老猴王的"女儿"交配，后代才会避免近亲繁殖。

按照白头叶猴的家族规则，"女儿"长大后是可以待在猴群中的，"儿子"长大后必须离开猴群。刚离开家的小公猴们聚在一起，组成了临时的"单身汉俱乐部"，即全雄群。这个全雄群的活动范围特别大，大到可容纳多个猴群的活动范围。"单身汉"们不断地骚扰各个猴群，挑战猴王。

> 哨兵（郭亮摄）

第一次没有得手，还会有第二次、第三次，直到打败猴王，赶走猴王，并取而代之。值得一提的是，"单身汉"绝对不会回到出生群，挑战自己的父亲。因为那样会破坏族规，导致近亲繁殖。因此，"单身汉俱乐部"的会员流动性很大。一个会员消失了，就意味着这个会员已经成功地成为猴王，它就开始肩负起猴王的责任，过上了"苦行僧"的生活。一旦有新的会员加入，则说明猴王的预备队里又多了一名成员，白头叶猴的家族又多了一份希望。

白头叶猴的家族是一个典型的母系社会，白头叶猴母猴可以世世代代留在家中，与女儿、孙女或是曾孙女结为猴群的核心，年纪大了、老了也有它们陪伴着。在这个猴群中，说话算数的是这些老资格的奶奶们，而不是临时来参加繁殖的猴王。

白头叶猴的家庭结构、社会制度和社会分工与早期的人类社会十分相似，这也成为人们研究人类社会结构、社会制度和社会分工演变和发展的一个很好的范例。人们在自然界的灵长类社会中找到了人类早期社会结构和婚配制度、社会分工的缩影，人类社会的行为、思维方式和生活方式都能在灵长类社会中找到例证。难怪，研究灵长类的科学家感叹：越研究灵长类，就越发现它们像人类。

> 等等我（郭亮摄）

第五章

保护白头叶猴的行动

一·保护行动

　　根据最新研究，白头叶猴最早的疣猴祖先大约在 1 000 万年前起源于非洲西部，一部分留在非洲发展成为非洲疣猴类群。260 万年前，亚洲疣猴的祖先到达东南亚。大约几十万年前叶猴的祖先出现后又从东南亚向北扩散，抵达了中国的南方，其中白头叶猴的祖先定居在这片喀斯特石山地区。单从时间的先后顺序来说，白头叶猴肯定比人类到达这片土地早很多，它们才是真正意义上的喀斯特石山的主人。

　　弄岗国家级自然保护区与越南接壤，保护对象是喀斯特森林生态系统和白头叶猴、黑叶猴等珍稀濒危动物。保护区的核心区有一片很大的平地，四周是陡峭的喀斯特石山，原先有一座村落。这里几乎与世隔绝，在石山的崎岖小路走上半天的时间，才能到达山外。1949 年后，政府为了改善村民的生活条件，帮助他们搬离了核心区。建立保护区后，设了一个保护点，安排护林员保护和管理白头叶猴。

> 别怕，抓紧了

二 · "乌猿酒"导致的悲剧

　　广西崇左市龙州县位于中越边境，是白头叶猴主要的分布区。

　　当地的特产很多，有山黄皮果、地菠萝、木菠萝、桄榔粉、苦丁茶、红瓜子等。此外，还有一种已被查封禁止出售的乌猿酒。这种酒用白头叶猴或黑叶猴干制的尸体制成，据说有祛风健骨、活血强身之效，但没有任何科学数据可以证实。

　　据资料记载，在龙州上金渠旧乡，一个绰号叫"乌猿队长"的人带领一支队伍捕杀了上千只白头叶猴，过去仅广西大新县每年收购的皮张就达1 000多张。

　　在强大的经济利益驱动下，残忍的杀戮使白头叶猴和它的亲戚黑叶猴资源遭到了极大的破坏。白头叶猴和黑叶猴的数量急剧下降，几乎到达濒临灭绝的边缘。

> 弄岗国家级保护区

> 白头叶猴野外研究基地

    20 世纪 80 年代初，国家制定了相关的法律法规，在龙州建立了弄岗国家级自然保护区。随后，在白头叶猴的其他分布区建立了扶绥岜盆珍贵动物保护区和崇左板利珍贵动物保护区。保护区建立后，乌猿酒厂被关闭，偷捕偷猎的行为得到了有效的遏制，白头叶猴和黑叶猴得到了保护。各保护区管理局组织技术力量对白头叶猴和黑叶猴的栖息地进行巡护，制止了偷捕野生动物和偷伐野生植物的行为。

    20 世纪 90 年代，白头叶猴终于迎来了一个历史性的好时机，先后有李兆元先生领导的中国科学院昆明动物研究所、我带领的广西师范大学和中国科学院动物研究所、潘文石先生领导的北京大学等多家国内最高水平的研究队伍，分别在弄岗国家级自然保护区、扶绥岜盆珍贵动物保护区和崇左板利珍贵动物保护区建立了研究基地，陆续开展对白头叶猴和黑叶猴的研究，揭开了白头叶猴和黑叶猴的很多鲜为人知的秘密。

> 中国科学院动物研究所的研究队伍在扶绥岜盆珍贵动物保护区开展研究

> 广西师范大学的学生在野外观察白头叶猴（冯汝君摄）

三 · 白头叶猴自然保护区

　　白头叶猴分布在广西崇左市辖区的三个自然保护区内，三个自然保护区分别是位于龙州的弄岗国家级自然保护区、扶绥的扶绥岜盆珍贵动物保护区和江州区的崇左板利珍贵动物保护区。

　　弄岗国家级自然保护区所辖的三片喀斯特石山，一是保护蚬木王的陇山片，二是保护黑叶猴的弄岗片，三是保护白头叶猴的陇呼片。弄岗片与陇呼片之间被明江分隔，明江以北的陇呼片分布着白头叶猴，明江以南的弄岗片分布着黑叶猴。整个保护区总面积100平方千米，保护的对象是白头叶猴和黑叶猴等珍稀动物，苏铁、蚬木、桫椤、东京桐、海南风吹楠等国家一、二级保护植物，喀斯特典型地貌，世界上罕见的保存最完好的岩溶地区热带季雨林。弄岗国家级自然保护区是我国具有国际意义的陆地生

> 　扶绥保护区内核心区大面积的土地被开垦种植甘蔗（冯汝君摄）

> 岜盆自然保护区（冯汝君摄）

> 跟妈妈捉迷藏（郭亮摄）

物多样性 14 个关键地区之一，也是国家林业局与世界自然基金会共同选定的 40 个 A 级保护区之一。

保护区内喀斯特石山密集、山峰陡峭，植被高大，森林覆盖率高，对野生动植物的生长十分有利。保护区内的山地林权归国家所有，在边界上还设置了保护区界。

扶绥珍贵动物保护区始建于 1981 年，以保护白头叶猴和黑叶猴等珍贵动植物为目的，面积约 80 平方千米。保护区所辖的石山群分隔严重，石山群之间相隔很远，中间有村庄、道路、农田和河流分隔。保护区只有保护野生动植物的权限，山地林权属集体所有。此外，保护区没有边界，更无法设置界碑。大批的老百姓进到保护区的核心区开垦石山群中间的平地种植甘蔗，作为家庭的经济来源之一。因此，人为活动对白头叶猴的干扰、砍伐柴薪对栖息地的破坏十分严重。另外，白头叶猴栖息地严重的破碎化，偷猎现象时有发生等问题，令保护区的保护和监管难度日益加大。

　　崇左板利珍贵动物保护区位于崇左市江州区，始建于1980年，以保护白头叶猴、黑叶猴、猕猴等珍贵动物为目标。其中白头叶猴分布在弄官山石山群一带。保护区的基本情况与扶绥珍贵动物保护区类似，大批老百姓可以深入到保护区的核心区开发耕地种植庄稼。保护区对白头叶猴等珍稀动物的保护和监管难度很大。1996年，北京大学潘文石教授在此建立了北京大学白头叶猴研究站。

　　白头叶猴保护区建立以后，面临着各种困难，其中最大的困难是如何教育当地群众从捕杀白头叶猴转变为保护白头叶猴。

　　自然保护区建立后，管理人员不断地到周边访问和宣传，开展教育活动。每年与村委会组织联欢会、座谈会，表彰和奖励保护白头叶猴有功的村民。同时，保护区还为村民修路，从当地聘请护林员以解决他们就业，帮助保护区周边群众建沼气池，解决柴薪问题。

　　慢慢地，老百姓知道白头叶猴是国家的宝贝，就连原来枪杀白头叶猴做乌猿酒的人也喜欢上了白头叶猴。

＞　救助被夹伤的
　　白头叶猴

> 飞跃石壁（郭亮摄）　　　　　　　　> 白头叶猴与村民和谐相处（冯汝君摄）

　　当地群众对白头叶猴的保护意识越来越强。20世纪90年代末，当地群众发现了一只被夹伤的白头叶猴，赶紧跑到保护区报告，受伤的白头叶猴经救护后放在保护区饲养。

　　2006年10月的一天中午，一村民打电话到扶绥保护区，报告说一只雌性白头叶猴跑到了村子里。保护区干部立即出发，很快赶到了村里，发现一只雌性白头叶猴奄奄一息地躺在地上，于是大家立即把白头叶猴抬回保护区抢救，同时留下一人询问事件发生的经过。原来，10月份是当地最干旱的季节，白头叶猴口渴难耐，猴王便带着猴群冒着风险悄悄地下到石山山脚的小水塘喝水。不料，被一只狗发现了，"汪汪汪"的叫声吓得胆小的白头叶猴慌不择路。这只母猴跑错了方向，远离了树林，被狗追咬，爬上了一棵孤树。困在树上的白头叶猴越发慌乱，吓得从树上掉下来，又被狗咬了。最终，这只受伤的白头叶猴没有被救活，更为遗憾的是这只母猴已有身孕，母猴死亡了，腹中的胎儿也夭折了。

　　随着保护白头叶猴宣传的深入，现在，下地干活的群众不再伤害白头叶猴，不再大量地砍伐石山里的紫草，白头叶猴也习惯了和在地里种庄稼、干农活的人们和平相处。

四 · 擅长表演的"文工团员"

　　白头叶猴很通人性。自然保护区建立以来，周边群众的保护意识不断提高，不再伤害白头叶猴了，白头叶猴种群数量也得到逐步的恢复。

　　随着白头叶猴的名气越来越大，不断地有人到保护区一睹其真容。

　　保护区里的几群白头叶猴非常给人们面子，好像保护区专门安排的演员。一旦有客人到来，这几群白头叶猴便会兴奋不已，纷纷在石山树丛中上蹿下跳，吸引大家的眼球，搞得大家久久不愿离开。越是贵客，越是远方的客人，白头叶猴表现得越兴奋。难怪，保护区的同志说，白头叶猴很通人性，给足了保护区面子。

> 地面飞奔（冯汝君摄）

如今，当地群众把爱护白头叶猴、保护白头叶猴、观察白头叶猴作为引以为荣之事，彻底改变了过去杀戮白头叶猴、破坏白头叶猴栖息地的恶习。

2006年4月，在白头叶猴的故乡扶绥县举办了国际灵长类研讨会，来自全球7个国家和地区的60多名代表就灵长类的保护和生态旅游展开了讨论。参加会议的大部分代表从未目睹过白头叶猴，会议便安排考察白头叶猴保护区，实地研讨白头叶猴的保护问题。

早上起来，天开始下雨，会议组织者和保护区领导担心白头叶猴躲起来避雨，代表们今天可能看不到这个森林里的使者了。车开到扶绥保护区的九重山石山群，代表们冒雨下车步行了40多分钟，走在前面的工作人员指着左前方远远的一丛树枝，兴奋地叫道："白头叶猴。"几位只在照片上见过白头叶猴的外宾，焦急地问道："在哪？在哪？"一边举着望远镜顺着指点的方向一点一点地寻找。一会儿，白头叶猴猴群开始"上蹿下跳"起来，从一棵树跳到另一棵树，还在树藤上荡起秋千，大家顺着跳跃声和树叶的摇动声很快找到了白头叶猴。又过一会儿，突然有人大喊："前面的山

> 白头叶猴的悬崖表演（荣杰摄）

顶上还有一群。"一会又有人喊道："右边的石山上有一群。"尽管天下着雨,大家观看白头叶猴的兴致却丝毫没有受到影响,在雨中站了3个多小时,直到猴群慢慢地消失在密密的树丛中,进入到中午的休息阶段,大家才恋恋不舍地离去。

> 起跳(冯汝君摄)　　　　　　　　　　　　　　　> 离枝(冯汝君摄)

> 悬空(冯汝君摄)　　　　　　　　　　　　　　　> 到达(冯汝君摄)

后记

　　很小的时候，我就知道刷墙用的石灰来自喀斯特石山上的石头。看着石灰石被浇上水后，温度迅速升高，冒气泡，觉得很好玩。调皮的小伙伴把手伸到冒泡的石灰中，结果烧伤了手，那一幕我记忆犹新。我从小生长在南方的一个小城镇，四周全是喀斯特石山，没觉得有什么稀奇。

　　上大学时，到了山水如画的桂林，四周还是喀斯特石山，只不过多了一条蜿蜒曲折的漓江，令桂林美丽动人。这时我才发现，原来每天熟悉的喀斯特石山是很美的，这些原本并无生命的喀斯特石山有很多的故事，喀斯特石山的形成和演化包含了许多的科学知识和道理。

　　进入野生动物保护和研究这个行业后，我才发现动物也是很神奇的，它们在这个世界上创造了很多的奇迹。

　　在中国科学院动物研究所国家动物博物馆的蝴蝶展厅的入口，一幅由数字和字母编成的蝴蝶造型令每一位参观者叹为观止。这些数字和文

> 飞跃（冯汝君摄）

字是从千千万万只蝴蝶身上发现的，与其说是数字和字母，还不如说是花斑，是人们想象出这些花斑像数字和字母，有意把它们摆放在一起。数字和字母是人类社会发明的，与动物世界毫无关系，蝴蝶本身并不可能善解人意地在自然界的进化压力下刻意形成类似数字和字母的花斑。这一切只能理解为偶然，但是这个偶然也太神奇，神奇得让人不可思议，这就是蝴蝶创造的奇迹之一。

自然界中最美丽的是鸟的羽毛，大自然同样在鸟类身上创造了许多奇迹，在国家动物博物馆濒危厅里就有一个专门介绍鸟类羽毛的分区，取名"绚丽多彩的羽毛"。孔雀是吉祥如意的象征，孔雀开屏则更是难得，因为它们不知道如何取悦人类，只有当钟爱的异性向它"抛媚眼"时，它们才会尽情地展示自己的美丽。越漂亮、越会在雌孔雀面前炫耀的雄孔雀越能得到异性的青睐，越有机会繁殖后代。相比之下，雌孔雀的毛色则逊色很多。

红腹锦鸡是画家们最钟爱画的动物，雍容而华贵。用人类的语言无法形容它们的美丽。发情季节，雄鸡的毛色更是妖艳，真不知道雄鸡金黄色的发丝和全身红色的羽毛是怎么长出来的。当然，它们美丽动人的羽毛只是为悦己的异性生长的。

还有一类鸡叫角雉。在发情季节，雄角雉的头上不但长出一对肉质的角，喉部还长出一块鲜艳的肉质围裙，得到异性的欣赏就是它们的催化剂，就是它们不断变得美丽的无穷动力，大自然就是这么神奇。

我曾经研究过的大熊猫也创造了很多的奇迹。别看大熊猫憨厚、笨拙，但是谁会想到大熊猫原本是肉食性动物，换句话说，它原来并不笨拙，否则早就被自然界淘汰了。直到现在，大熊猫的体形、牙齿和消化道短等特征都是食肉动物所具备的。我们在野外考察中发现大熊猫偶尔也吃肉。但是，动物进化的进程迫使大熊猫选择竹子作为食物，换得了一个"食肉动物中的和尚"的绰号。于是，奇迹就发生了。一副食肉动物的消化系统，怎能以竹子为生？这个系统能改变吗？也许是进化时间太短的缘故，大熊猫的消化系统没有完全改变，但是它却能利用发达的牙齿，强大的肌肉压榨出竹竿和竹叶中的汁液，类似于人类吃甘蔗一般。压榨过的竹子纤维从大熊猫的肠道中穿过，被排出体外，经历了一段"酒肉穿肠过"的历程。因此，被排出体外的大熊猫粪便不但没有臭味，反而充满了一股竹子的清香。难怪，很多人都不解，早期调查队员在摆弄过大熊猫粪便后，直接就拿着食物往自己嘴里送，丝毫没有脏的感觉。因为竹子的汁液很少，所以大熊猫每天要吃上相当于身体重量 20% 左右的食物，才能满足一天的营养和能量需求。尽管很辛苦，但是竹子的资源非常丰富，竞争者少，大熊猫不必为每天的食物发愁。

　　生活在喀斯特石山环境中的白头叶猴同样也创造了很多的奇迹。如果没有仔细去观察、去发现、去思考，我们最多只知道喀斯特石山上生活着白头叶猴而已，就如同我小时候看到周边的石山那样习以为常。在从事白头叶猴研究的过程中，我发现这种动物同样有着许多的惊人之处。在适应喀斯特石山环境的同时，造就了白头叶猴许多惊人的本领，我们不得不佩服大自然创造的这些奇迹。

　　感谢白头叶猴和保护白头叶猴的人们，让我的人生充满乐趣，充满成就感。也特别感谢慷慨为本书提供精美的白头叶猴照片的冯汝君先生、郭亮先生和荣杰先生。